遗址类纪念性建筑及设计

侯兆铭 著

化学工业出版社
·北京·

图书在版编目（CIP）数据

遗址类纪念性建筑及设计/侯兆铭著. —北京：化学工业出版社，2018.8

ISBN 978-7-122-32936-3

Ⅰ.①遗… Ⅱ.①侯… Ⅲ.①纪念建筑-建筑设计-研究 Ⅳ.①TU251

中国版本图书馆 CIP 数据核字（2018）第 200894 号

责任编辑：王　烨　　　文字编辑：陈　喆

责任校对：王　静　　　装帧设计：刘丽华

出版发行：化学工业出版社（北京市东城区青年湖南街 13 号　邮政编码 100011）

印　　装：中煤（北京）印务有限公司

710mm×1000mm　1/16　印张 7½　字数 120 千字　2018 年 8 月北京第 1 版第 1 次印刷

购书咨询：010-64518888　　　售后服务：010-64518899

网　　址：http://www.cip.com.cn

凡购买本书，如有缺损质量问题，本社销售中心负责调换。

定　　价：58.00 元

前言 FOREWORD

没有记忆的城市是乏味的，记忆与祈盼筑成生命的长河，时代前行的步伐可以挥去人类所经历的苦难，却挥不去积淀在后人心中对历史、文化和情感的渴望。保护历史、珍存历史成为全人类的共识。

遗址类纪念性建筑以其特有的建筑语汇注释着人类文明史实和自然演化现象，并因其所蕴含的丰富的历史价值和情感内涵而成为人们情感寄托的象征物，其独具个性的建筑形象也起着无可替代的情感交流的媒介作用。国内外有许多建筑大师在该领域颇多建树，创作出令人震撼的传世之作。但同时，对纪念性建筑具有理论指导意义的设计原则和创作观念等理论研究则明显滞后于建筑创作，遗址类纪念性建筑的理论则更为匮乏。

基于以上情况，笔者力图建构适应21世纪发展的遗址类纪念性建筑设计理论。本书在深入研究国内外遗址保护思想的基础上，综合地运用分析、归纳、演绎的方法，同时借鉴符号学、类型学、社会学、心理学、行为学、美学及城市设计相关理论，着重从遗址类纪念性建筑创作研究入手，指出了遗址类纪念性建筑在新时代的发展趋势，并提出现代模式的遗址类纪念性建筑的设计理论，以期对遗址类纪念性建筑创作有所裨益。本书由大连民族大学资助出版。

由于水平及时间所限，书中不妥之处，敬请广大读者批评指正。

2018年6月

目录
CONTENTS

4 第4章

遗址类纪念性建筑整体设计 / 049

第1章 CHAPTER 1

绪 论

站在21世纪，回首人类漫长的文明发展史，从依赖自然的采猎文明到改造自然的农业文明，从机器轰鸣的工业文明到网络无所不在的信息时代文明，人类所迈出的每一步无不闪现出特有的智慧与力量。同样，伴随着千年文明发展史，战争与和平也始终相伴相随，留给人们无尽的追思和无法抹去的烙印。“俱往矣”，时代飞速前行的车轮虽已挥去了人们所经历的苦难，但积淀在后人心中的是永远也挥之不去的对历史、文化和情感的渴望。

保护历史、珍存历史成为全人类的共识。

纪念性建筑以其特有的建筑语汇注释着人类文明史实和自然演化现象，代表了全人类文化的最高需要。人们构筑纪念性建筑来追忆过去在社会、政治、历史、文化中的人物业绩、情感和事件，并以此“作为自己思想、目标和行为的象征，使他们超越自己产生的时代，而成为传给后人的遗产。因之，他们成为过去和未来之间的纽带”。(《纪念性九要点》)

1.1 纪念性建筑发展概述

在人类所从事的纪念性活动中，纪念性建筑成为情感寄托的象征物，它的形象起着无可代替的情感交流的媒介作用，并以此来达到纪念的目的。纪念活动往往借助纪念性建筑这一物质中介，使人类的情感移情于纪念的对象中去，并产生无尽的遐思，满足人的精神需求。

1.1.1 纪念意义的产生

在开阔的天安门广场上，矗立着人民英雄纪念碑（Monument to the People's Heroes），它是近代以来中国人民和中华民族争取民族独立解放、人民自由幸福和国家繁荣富强精神的象征。“人民英雄永垂不朽”八个大字镌刻在纪念碑正面（北面）碑心，也镌刻在全体中国人民的心中，每当人们站在纪念碑前，仿佛能够看到无数英雄为了争取民族独立和人民自由幸福的可歌可泣的英雄事迹，这难以磨灭的一刻跨越了时空的距离，把过去带入现在，将现在融入过去……，纪念的意义就此诞生（见图1-1、图1-2、图1-3）。

现代意义的纪念模式，是对特定历史对象的怀念以寻求情感的寄托。纪念意义的产生，从根本意义上来说是来源于原始的宗教膜拜。纪念活动本身具有宗教膜拜的倾向，随着历史时代的变迁，膜拜的对象及意义发生了根本性的变化，宗教依然存在，而历史赋予纪念形式以新的内涵，宗教性的纪念意义其职

图 1-1 人民英雄纪念碑全景

图 1-2 人民英雄纪念碑背面（南面）碑文

（碑身背面是毛泽东起草、周恩来题写的金箔制成的小楷字体的碑文，碑文如下：“三年以来，在人民解放战争和人民革命中牺牲的人民英雄们永垂不朽！三十年以来，在人民解放战争和人民革命中牺牲的人民英雄们永垂不朽！由此上溯到一千八百四十年，从那时起，为了反对内外敌人，争取民族独立和人民自由幸福，在历次斗争中牺牲的人民英雄们永垂不朽！”上述碑文又被简称为“三个永垂不朽”。）

图 1-3　在人民英雄纪念碑前举行的纪念活动

能业已消失，但其审美的价值却仍然保存至今。

宗教是根植于原始人的社会实践及生产劳动领域的社会现象。任何一种社会现象都是在一定的社会需要的基础上产生——与他人交往的需要产生了语言；商品流通的需要产生了货币。宗教的产生是基于原始人若干万年以上的劳动活动，由于思维和心理在其过程中逐渐发展和丰富起来，终于能够超越实践有用和必需的范围，出现了用途既不是挖掘或开垦土地，也不是打死或猎取野兽的工具，而是以物质化的形式来表达人的内心感受、思想感情以及创造性幻想——人脑中产生的各种现象。

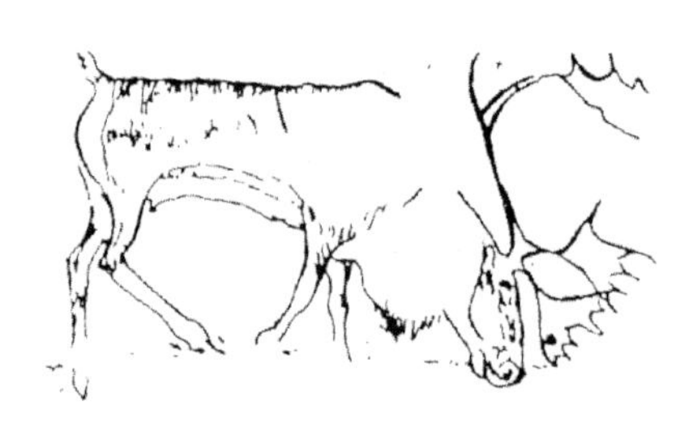

图 1-4　塔因根洞穴壁画 ——吃草的野牛

旧石器时代的洞穴中发现的最古老的图画起着一定的交际作用，图画不单单是艺术上满足审美需要的形式，也是把人脑中产生的映像和思想物质化，从而传达给他人的一种工具（见图 1-4、图 1-5）。随着人类劳动和交际日益发展，纪念意义渐趋完善，由于原始人的物质生活的范围是极端有限的，因而，他们反映周围世界中的各种因果联系的经验意识也是极端有限的。原始人经常遭到来自自然和社会两方面的危害他们生命，而又无法为他们所控制的各种因素的侵袭，他们对这些神秘的因素感到恐惧，并由此产生对超自然物的信仰与膜拜。

1. 1. 2 纪念场所的雏形

宗教的信仰与膜拜和巫术仪式活动是分不开的。最古老的巫术仪式是猎取和增加食物的仪式，原始人深信，凭借巫术仪式可以达到一定的实际目的，可以获得食物，防止灾害。以舞蹈形式来描绘打猎过程的仪式在原始部族中屡见不鲜，这种仪式是猎取动物活动的继续。舞蹈企图把愿望当作现实，以对狩猎过程的描绘和模拟来代替这一实在的行为过程。

图 1-5 尼奥洞穴壁画——受伤的野牛

仪式的参加者都抱有幻想，把模仿狩猎的过程变成狩猎本身。这种模仿不是简单地重复狩猎的过程，而是一种象征，用以表达人们由于狩猎顺遂而产生的情感，表现人们确信这种模仿行为必将保证狩猎在未来获胜的信念。跟现代人相比，原始人不明白陷入险情的原因的时候要频繁许多，在此情况下，原始人不免以炽热的情感作出反应，在情感的驱使下他们奋起行动而终于顺利脱险，因此他们油然而生欣幸之情，不禁手舞足蹈（见图 1-6、图 1-7）。仪式在此可作为一种表现情感的形式，作为一种抒发情感的方法，同时也是一种最原始的纪念性活动。

图 1-6 非洲部落舞蹈仪式（1）

图 1-7 非洲部落舞蹈仪式（2）

“原始仪式是一种多职能的混融性现象，同时满足了几种社会需求。”仪式的主题是对超自然物的膜拜。膜拜活动要求布置一个与日常环境不同的充满各种象征、各种超自然力和超自然物的特殊环境。在原始时代的各种早期宗教仪式——巫术、图腾膜拜中，超自然物还没有脱离感情上被感知的对象和真实映像，因此在仪式中所用的艺术形象也同样是具体的。如北美洲印第安人的图腾

图 1-8　北美洲印第安人图腾柱

图 1-9　装饰面具

图 1-10　埃及金字塔（1）

柱（见图 1-8）、巫术仪式中所用的饰以人物或动物形象的面具（见图 1-9），以及后来古埃及雕塑的神像及法老像。

把死者按一定仪式安葬在墓穴中，再以一堆石块、一株树或一块巨大的岩石作为标记，构成古人类永久性的聚会地，成为他们祖先灵魂的归宿、祭奉某位神灵的圣地，并且在人类发展史的进程中构成了纪念形式的核心——纪念场所的雏形（见图 1-10、图 1-11）。

1.1.3　纪念性建筑类型与特征

与其他类型建筑相比，纪念性建筑更加注重建筑的精神功能。具体是指，建筑在满足人的实用需求（生理需求）的前提下，同时还要满足人的心理需求，包括审美、认知和崇拜功能。

纪念性建筑的精神功能不仅仅是被看作具有一定的艺术审美价值，建筑的审美功能应是建筑艺术、建筑材料、技术结构等多方面因素综合作用的结果。同时精神功能在审美中还蕴藏着建筑形象的认知功能和一定的崇拜功能。诗人以优美的诗句进行人生哲理的思索，建筑师亦应用建筑进行同样的哲理思考。纪念性建筑应该让人们从一定的建筑形象中领悟到纪念的所指，认识到生活本质的其他方面。

纪念性建筑精神功能的体现是从主题思想到物质具形的过程，通过约定俗成的信码传译，使物质具形升华为观者脑中的纪念形象。因此，纪念性建筑是最具创造力和表现力的建筑类型之一。另外，纪念性建筑往往借助于外部空间序列、环境氛围、建筑造型和雕塑语言，并且通过寓意、象征、比拟、隐喻等手段来获取最大的艺术表现力，使思想性和艺术性在纪念性建筑中得到高度统一，达到纪念的目的。

图 1-11 埃及金字塔（2）

以上是纪念性建筑所具有的共性特征，根据纪念对象的不同，环境条件的不同，纪念性建筑呈现出多种不同的形式。

一般来说，按照纪念对象的不同，可将纪念性建筑分为事件类与人物类两种类型；按照选址环境的不同，可将纪念性建筑分为遗址类与非遗址类两种类型（见表 1-1）。

表 1-1 纪念性建筑分类表

分类标准	类型	建筑实例
纪念对象	事件类	鸦片战争海战馆(见图 1-12)、唐山地震纪念馆、“9・11”事件纪念馆、汶川“5・12”地震纪念馆
	人物类	鲁迅纪念馆、李大钊纪念馆(见图 1-13)、周恩来纪念馆、林肯纪念堂
选址环境	遗址类	德国达豪纳粹集中营纪念馆 侵华日军南京大屠杀遇难同胞纪念馆
	非遗址类	台儿庄大战纪念馆(见图 1-14)、抗美援朝纪念馆

图 1-12 鸦片战争海战馆

图 1-13 李大钊纪念馆

1.1.4 纪念性建筑在中国的发展演变

(1) 历史沿革

纪念性建筑的体系包括纪念碑、纪念性雕塑、纪念塔、纪念门、纪念柱以及纪念堂和纪念馆等。

图 1-14 台儿庄大战纪念馆

图 1-15 南京中山陵

图 1-16 广州中山纪念堂

早在公元前一千二百多年就有了设庙祭祀祖先的记载。

公元前八百多年有刻石以示纪念的史迹。

随着社会的不断发展以及民族性、地方性的制约，又受建筑材料的限制，中国形成了石碑、石柱、华表、阙、牌坊、寺塔等古典纪念形式。河南殷墟发掘出来的殷代奴隶主贵族墓葬已有两千多年的历史，陵墓的总体环境布局及其神道、门阙、石人、石兽的配置形成强烈的纪念性效果，纪念性建筑的总体序列布局手法的原始雏形建立在陵墓的发展基础之上。

在中国建筑的发展历史上，以南京中山陵（见图 1-15）为起始点，开始了我国近代历史时期的纪念性建筑创作探索。

南京中山陵由建筑师吕彦直设计，1926 年开始兴建，整体规划布局庄严、雄伟，恰如其分地创造了中山陵所需要的气势。

继中山陵之后，吕彦直设计的广州中山纪念堂（见图 1-16）于 1928 年开工，优美的环境和绿化及“中国固有之形式”塑成了壮观的纪念性场所。

与此同时，为纪念革命先烈进行传

统教育，纪念性建筑在中央革命根据地有了一定规模的发展。瑞金叶坪的纪念碑、纪念亭、纪念堡是第一个革命广场中的一组纪念性建筑。陕甘宁边区的志丹陵、子长陵都具有一定规模，建筑继承了民间传统，从实际出发，因地制宜并运用地方性材料，采用简易的构造技术和施工方法。

(2) 现代模式

新中国成立后为纪念胜利及战争中牺牲的革命者，曾掀起一股修建纪念性建筑的热潮。20 世纪 50 年代至 70 年代的纪念性建筑，往往直接采用传统的建筑形式，如济南李清照纪念馆（见图 1-17）、扬州鉴真和尚纪念堂（见图 1-18）；80 年代中期之后，建筑师往往运用古建形式的变形、简化和符号的处理手法加上粗大的几何体块、封闭大墙和巨大门廊以及一些现代主义建筑的处理技巧来体现文化的传承，如锦州辽沈战役纪念馆、南京雨花台烈士纪念馆（见图 1-19）、淮安周恩来纪念馆（见图 1-20）等；再后来，一些建筑师摒弃（或不刻意追求）传统形式，而把着眼点放在选址（环境）及内容（寓意）上，放在揭示思想内涵上，如大庆铁人王进喜纪念馆、山东孟良崮战役纪念馆等。随着广泛的社会活动及丰富的物质文化生活的需求的提高，纪念性建筑的内容趋向多样化。

图 1-17 济南李清照纪念馆

图 1-18 扬州鉴真和尚纪念堂

图 1-19 南京雨花台烈士纪念馆

图 1-20　淮安周恩来纪念馆

建筑是属于时代的，它是历史的纪念碑。一个时代的建筑反映了一个时代的经济、技术、哲学思想。在现代建筑发展史上，纪念性建筑也伴随着设计思想、创作观念的变迁不断发展。中国建国后各个历史时期具有代表性的纪念性建筑及建筑特征的历史变迁见表 1-2。

表 1-2　中国纪念性建筑历史变迁

年代	建筑特征	侧重点	代表性建筑	发展趋势
20 世纪 50 年代	纪念性	社会制度	上海鲁迅纪念馆 刘胡兰烈士纪念馆	简单的具象表达形式
20 世纪 60 年代	简洁性	工艺技术	韶山毛主席纪念馆 广州农民运动讲习纪念馆	↓
20 世纪 70 年代	自然性	生态环境	扬州鉴真和尚纪念馆 毛主席纪念堂(见图 1-21)	
20 世纪 80 年代	开放性	文化意识	侵华日军南京大屠杀遇难同胞纪念馆 辽沈战役纪念馆	
20 世纪 90 年代至今	多样性	社会、技术、环境、文化等因素综合	潘家峪惨案纪念馆(见图 1-22) 威海甲午海战馆(见图 1-23) 中国人民解放军海军诞生地纪念馆(见图 1-24)	复杂的抽象、多义、隐喻的表达形式

纵观解放至今纪念性建筑的发展过程可以看出，其发展的趋向是由简单的具形表现形式走向抽象、多义及隐喻的表达。随着时代的发展，人们对于特定的外部环境的认知水平提高，单调的造型语言已难以满足人们的审美要求。对特定的纪念对象的简单描绘，不能给人留以充分的想象。现代模式的纪念性建筑，综合了社会、文化、技术等多重因素，表现手法多样，突破了形式类同及

图 1-21　毛主席纪念堂

图 1-22　潘家峪惨案纪念馆

图 1-23　威海甲午海战馆

图 1-24　中国人民解放军海军诞生地纪念馆

简单化的陈述方式，关注重点也从外显形象的文化脉络传承逐渐转向揭示思想内涵或深层寓意。纪念性建筑今后总的发展趋势将体现在以下两个方面：①纪念性建筑与其他各种建筑类型间的渗透，带有综合性与多义性；②纪念性建筑不再只局限于外显形象的追求和传统图像语汇的运用，更多重视深层思想内容的表达。

1.2 本书研究界定

1.2.1 选题背景与研究范畴

在人类所从事的纪念性活动中，遗址类纪念性建筑成为情感寄托的象征物，它的形象起着无可替代的情感交流的媒介作用，并以此来达到纪念的目的。我国自新中国成立以后，为纪念胜利以及战争中牺牲的革命者，纪念性建筑有了可观的发展；改革开放四十年来，由于经济的迅猛发展，遗址类纪念性建筑在各地又蓬勃发展起来。然而细数新中国成立以来的纪念性建筑，除去少数堪称精品外，许多都不尽如人意，建筑设计流于一般甚至拙劣，这也导致了纪念馆呈现出游客稀少、门庭冷落的萧条景象。造成这种现象的原因是多方面的，抛开一些管理体制不善、传统观念陈腐、社会整体文化水平不高、在商品经济冲击下不重视文化教育等因素不谈，从建筑角度看也存在如下因素：建筑缺乏适当的个性表现；整体环境缺乏烘托；建筑空间与陈列内容脱节；陈列形式单调；为人服务考虑不够等等。这些弊端的产生从某些方面来说与建筑师缺乏系统的理论指导有关。虽然纪念性建筑的数量在中国有了长足的发展，但对纪念性建筑具有理论指导意义的设计原则与创作观念等理论研究则明显滞后，遗址类纪念性建筑的理论则更为匮乏。传统的纪念性建筑设计理论，往往把目光集中于建筑单体的功能组织上，对文化内涵的理解不够深刻，因而导致设计中仅仅停留在一般文化建筑的层面上，缺乏对文化内涵的深层次探索与研究。正因如此，纪念性建筑的设计理论需要注入新的内涵以结束文化危机，新的遗址类纪念性建筑设计理念需要我们探索完善。

进入21世纪以来，大众审美水平及文化素养都有了较大幅度的提升，人类对于历史、文化、情感的诉求愈加重视，这就要求建筑师在进行建筑创作时必须更加精确地把握精神需求的表达。较之一般的建筑类型，纪念性建筑注重整体环境精神功能的表意性，它的创作涉及社会、政治、文化、历史、艺术等诸多方面，呈现出一个复杂的综合体。二十世纪建筑的发展中，文化危机是我们僵化的对待形象、风格与流派的必然结果。商业化的巨大推动力，早已使得抄袭、模仿、复古以及破坏性的各种标新立异像瘟疫一样蔓延开来。因此，对建筑文化参照系统和建筑文化内涵的短视或偏见，必将引起建筑创作中建筑文化的失衡。未来建筑的创作质量，首先取决于对建筑文化内涵深度与广度的挖掘，然后才是完美体现文化内涵的表现形式与艺术风格问题。在纪念性建筑的创作上亦是如此，如果本末倒置，必将导致建筑失去真正意义上的文化品格。

基于以上情况，本书力图构建适应二十一世纪发展的遗址类纪念性建筑设计理论。本书在深入研究国内外遗址保护思想的基础上，借鉴符号学、类型学、社会学、心理学、行为学、美学及城市设计的相关理论，指出了遗址类纪念性建筑在新时代的发展趋势，并提出现代模式的遗址类纪念性建筑的设计理论，以期对遗址类纪念性建筑创作有所裨益。

1.2.2 研究方法与写作内容

遗址类纪念性建筑的创作研究，其内涵十分宽泛，所涉及的领域与学科是十分庞杂的，遗址保护理论、历史地段的保护与更新理论、新旧建筑的协调理论均对创作具有重要的指导作用，因此有必要对本书的研究方法与写作内容加以说明。

本书的研究综合地运用了分析、归纳、演绎的方法。从纪念性建筑入手，概述其发展状况以及发展中存在的问题；继而对遗址类纪念性建筑进行概念界定；然后对创作理论进行深入剖析，并归纳其整体设计原理与对策；最后演绎开来，通过创作实践来完善理论部分，力求提出指导性、可操作性强的设计理论。

第2章
CHAPTER 2

遗址类纪念性建筑内涵界定

2.1 遗址类纪念性建筑概念界定

2.1.1 遗址概念

从广义上来讲，“遗址”是指过去岁月各处人文活动或自然运动遗留至今而又不可移动的痕迹。浩瀚宇宙演变至今，我们周围的一切都是前人或前事活动之场所，但学术研究的“遗址”范畴，肯定不是指广义上的，要明确所要研究的遗址范畴，可见表 2-1 所列出的有关遗址概念的不同定义以及相近概念注释。

表 2-1 遗址相关概念表

名称	注释	出处
遗址	指古代人类遗留下来的城堡、村落、住宅、作坊和寺庙等基址	《辞海·语词分册》，上海辞书出版社，1988 年，第 1 版
遗址	毁坏的年代较久的建筑物所在地	《现代汉语词典》，商务印书馆，1978 年，第 1 版
遗址	指古代人类留下来的城堡、废墟、宫殿址、村落址、居址、作坊址、寺庙址及一些经济性和防卫性建筑设施，仓库、水渠、长城围墙等	同笃文著，《中外文化辞典》，海南出版公司，1991 年
遗址	从历史、审美、人种学或人类学角度看具有突出的普遍价值的人类工程或自然与人联合工程及考古地址等地方	《保护世界文化自然遗址公约》
遗址	包括人类遗留下来的各种建筑基础、古陵墓、古建筑、近现代纪念旧址、故居、古生物化石现场等自然遗址	理智著，《遗址博物馆研究》，陕西人民出版社，1995 年
遗址	古代人类居住过的，或曾经从事生产活动和战斗过的地方，为城址、宫址、洞穴址、村落址、工场作坊址、矿山冶炼址、道路桥梁址以及古代战场址等，在考古学上都称为遗址	何贤斌，王秋华主编，《中国文物考古辞典》，辽宁科技出版社，1993 年
遗迹	系指古代人类在生产、生活及其他活动中所遗留下来的痕迹。为居住址、墓葬、宫殿、矿井、城堡、都市以及窖穴、灶坑等。凡是不能搬动的就叫遗迹	
遗迹	指古代人类活动遗留下来的痕迹，包括遗址、墓葬、窖藏以及游牧民族所遗留的活动痕迹等	《辞海·历史分册》，上海辞书出版社，1982 年，第 1 版
文物保护单位	一、具有历史、艺术、科学价值的古文化遗址、古墓群、古建筑和石刻。二、与重大历史事件、革命运动和著名人物有关的，具有重要纪念意义、教育意义和资料价值的建筑物遗址、纪念物	《中华人民共和国文物保护法》(1982 年)第一章第二条中

从以上所引的工具书、词典和政府文件来看，对遗址的阐释是各有其标准和内涵的，但从中可以看出，遗址至少应具有以下两方面内容：其一，必须是价值的；其二，包括人类与自然的遗存及其所在地方。综合比较，联合国教科文组织在《保护世界文化和自然公约》中对遗址的定义较为科学，即：遗址是从历史、审美、人种学或人类学角度看是具有突出的普遍价值的人类工程或自然与人联合工程以及考古地址等地方，遗址根据其性质可分为自然类遗址和历史类遗址。一般而言，遗址类纪念性建筑都是与重大历史事件、革命运动或著名人物相关，并且具有重要的纪念意义与教育意义。

2.1.2 遗址特定属性研究

没有遗址，就没有遗址类纪念性建筑的存在。这就决定了遗址类纪念性建筑应以遗址为中心，一切建设项目和环境设施都应有利于遗址的保护和对外开放，遗址的特定属性也决定了设计必须遵循特殊的创作观念来进行。遗址的特定属性具有以下几个方面。

(1) 不可移动性

遗址类纪念性建筑中，被发掘出的遗址往往规模大且与周围环境密不可分，因此具有不可移动性。遗址一旦离开它依附的环境就失去了其存在的真实性。遗址的这一属性决定了遗址类纪念性建筑的创作必须尊重资源，只能在遗址区域内做文章。但也切不可为追随一时潮流以牺牲历史文化为代价，要避免对文物“文明性”的破坏。

(2) 不可再生性

遗址的不可再生性实际是指遗址历史价值的不可再生性。建立遗址类纪念性建筑主旨在于对遗址历史真实面貌的展示与再现，这种再现是通过历史留下的真实遗迹实现的，这些历史遗迹一旦遭到破坏就不可再生，因而决定了创作应具有长远性考虑，以“保护好”为前提，所采取的一切手段和方式都要基于目前条件选择最优化方案，并应为未来的重构提供条件。

(3) 断代专题性

遗址反映的是一个确定的凝固的历史时空，它是历史长河中的一瞬，是一个特定时期特定地区的具有单一主题的遗址，因此具有断代专题性。这就要求创作中针对所蕴含的特定历史信息和文化特性对历史文化氛围的营造给予特殊的关注，并寻求“遗址”与“人”的结合点，使人们跨越时空界限，进入距今遥远的历史环境中去体会、领略历史。

2.1.3 遗址类纪念性建筑概念

用事物或行动对人或事表示怀念，叫纪念。世界文明发展史告诉人们，人类对纪念形式的追求是个锲而不舍的过程，为了抵抗时间的消逝，也为了保存生命中不可唤回的记忆，纪念性建筑成为人类文明的特殊宠儿。纪念性建筑的定义是：纪念重大历史事件或具有重大贡献的历史人物的一种文化教育建筑，目的是通过说明历史事件发生经过和历史人物活动情况，向广大人民进行教育，丰富人民的科学知识和文化生活。

遗址类纪念性建筑是指：将具有历史意义的遗址区域作为建筑基地，利用现代科学技术手段对遗址环境进行适当整理或改造并保留遗址环境的特征，建造的纪念性建筑，其目的是纪念重大历史事件或具有重大贡献的历史人物，并通过对历史事件发生经过和历史人物活动情况的说明，向广大人民进行教育，丰富人民的科学知识和文化生活。

一般而言，遗址都是将过去拥有的具有秩序的事物毁灭、破坏后留下的场景，具有悲剧气氛，使站在废墟遗址上的每一个人的心灵受到强烈的震撼，产生对历史性遗址表达出意义的共鸣。

2.2 遗址类纪念性建筑与建筑的“纪念性”

2.2.1 “纪念性”的来源

“纪念性”是从纪念物（即纪念性建筑）中引申出来的一种特别的气氛。根据韦氏词典的解释，“纪念性”有四层含义：①陵墓的或与陵墓相关的，作为纪念物的；②与纪念物相比，有巨大尺度或有杰出品质的；③相关于或属于纪念物的；④非常伟大的。由此，我们可以看出两层意思：①纪念物的品质；②与纪念物相关的并由之引申出来的雄伟、巨大等品质。显然，后者的涵义已摆脱了单体的纪念物的原型，而成为具有独立性的概念。

纪念性建筑一般都有纪念性（虽然表现方式、纪念性的强弱差异很大），但具有纪念性的建筑并不一定都是纪念性建筑。在表现了纪念性的非纪念性建筑中，多是具有特殊功能目的、具有特别意义的，有一定规模的建筑。如天安门、卢浮宫、克里姆林宫、德方斯门等重大建筑。所以，从这个角度而言，建筑的“纪念性”包含了更广范围的建筑类型，表现也更丰富。

“纪念性”源于自然界的无限性与人类自身能力的有限性的冲突，起源于人类对自然界的崇敬、敬畏，随着纪念性的发展，其意义和范畴也更为丰富，但其基本精神始终没变——纪念性体现了人类对超越自身能力的事物的崇敬，由此，纪念性与“超越”“距离感”紧密相连。现代的纪念性建筑很少表现抽象的纪念性，而是更关注所表达事件的意义，追求特有的精神内涵，让形式与内容取得内在的联系，这是当代纪念性建筑的一个明显特征。

2.2.2 “纪念性”在当代的意义与价值

当今的时代是多元化的时代，那么，作为在古代普遍存在的“纪念性”在今天存在的意义与价值，我们认为表现在以下几个方面。

①“纪念性”本身具有特殊的社会精神价值，它不会在多元化的时代中消亡。纪念性通常与一种歌颂赞美人类自身的力量相联系，有积极向上的意义，这是其持久的价值。纪念性往往是人们心目中的动力和精神支柱，它是不可或缺的。

②“纪念性”是与人类追求完美、永恒的观念相联系的。追求永恒价值的思想作为一种基本倾向是有魅力的，甚至可以说具有积极向上的意义。艺术有其自身的独立性，某种有特殊感染力的观念会激发艺术创作的灵感。

③ 纪念性建筑在城市中具有特殊意义。对于纪念性建筑在城市中的特殊意义，古代和现代的理论家都给予充分的肯定和进行充分的研究，它们不仅提供了人们心目中的动力和精神支柱，而且为人们提供了地域或场所的认同，也往往成为城市最独具特征的标志。

④ 当代审美价值观的多元化反映了审美范畴的扩大，而不是消灭了经典的观念。当代的社会、经济、技术等的全面进步为多元化的思想提供了物质基础，同样，“纪念性”的表现也由此获得了更多的可能性，从而也呈现出多元化的趋势。经典的富于纪念性的思想不是由此退出历史舞台，而是作为多元化的思潮中的一支，不再具有至高无上的统治地位。

综上所述，“纪念性”在当代有了不同的形态，有了新的生命力，需要辩证看待并加以深入研究。

2.2.3 遗址类纪念性建筑的“纪念性”

“纪念性”可以理解为在人类社会中具有某种价值和意义必须广传于世或昭示后代的事物所具有的属性。交流系统对纪念性具有重要意义，因为从事物中抽象出来的价值和意义只有通过交流系统的广泛传播，才能转化为纪念性。当人类的物质实践和人类社会发展到一定阶段，人类的认识系统发展到一定程度之后，出现了诸如考古价值、历史价值、文化价值、旅游价值，等等，此时人们对价值的重视有了纪念的意味，纪念性抽象出来与价值建立了联系，即纪念性源自于事物相对于人类或群体的价值。纪念性的形成与接受，必然要通过意识这个中介，意识将有价值的事物与人联系起来，使人能感受到纪念性建筑所具有的价值。

理论上讲，遗址、遗迹、废墟的纪念性分为五类，见表 2-2。

表 2-2 遗址类纪念性建筑的“纪念性”分类表

类别	纪念性来自于三方面			适用范围	例子
	过去被纪念目的物	纪念性建筑本身	导致遗址的破坏性事件		
第一类	●	●	●	过去纪念性建筑遗址	希腊雅典卫城(见图 2-1)
第二类	●		●	过去是纪念性建筑,但建筑本身并无特殊价值	
第三类		●	●	不是纪念性建筑,但建筑本身很有价值	圆明园遗址
第四类	●	●		被轻度毁坏的过去的纪念性建筑或与某个重大历史事件联系在一起的建筑	
第五类			●	主要表现在某些重大历史事件的遗址上,与建筑无关	侵华日军南京大屠杀遇难同胞纪念馆遗址

图 2-1 希腊雅典卫城

以上五类遗址纪念性气氛的强弱程度取决于各自纪念性叠加的强度，以及体验者个人与这些纪念性来源关系密切的程度。这种分类为我们在遗址区域设计遗址类纪念性建筑提供了理论依据，也为遗址保护提供了依据。加强纪念性气氛的手段之一就是将新建的纪念性建筑建在所纪念事件的遗址上，其用意就是增加纪念性来源。这方面国内外均不乏成功的作品，如齐康先生创作的南京大屠杀遇难同胞纪念馆（一期）（见图 2-2）选址在当年大屠杀的集体屠杀遗址之一（江东门），形成了强烈的纪念性气氛。

图 2-2　南京大屠杀遇难同胞纪念馆（一期）

2.3　遗址类纪念性建筑的价值定位

遗址类纪念性建筑蕴含着丰富的历史文化内涵，是历史文化的物质载体和见证，它们不仅反映着某种社会历史生活形态，而且反映着某种思想观念、情感模式以及行为规则等。其多方面的价值，归纳起来一般有三种：历史价值、情感价值和经济价值（旅游价值）。对遗址类纪念性建筑进行准确价值定位，可以指导建筑创作，使我们清楚认识到遗址类纪念性建筑设计必须要恪守的一个决定性条件就是对其历史价值的完全尊重。

2.3.1　历史价值

遗址类纪念性建筑通过对遗址的展示向世人提供历史见证，以实物再现人类文明发展史上或令人激动或令人伤感的一幕，从而构筑特有的文化内涵，这正是历史价值的体现。

人类开始有文字记载至今已有五千多年的历史，起先记事或咒语是刻在石碑或龟壳上，再后来刻在竹条上，写在羊毛皮或锦缎上，直到印刷术的发明，才出现了大规模的图书。最初记录历史事件的是绘画，接着出现了象形文字，直至今日演变成抽象的象征性符号文字。后人在阅读文字后准确地想象或判断当时的历史情景是极为困难的，前人把历史事件转化为文字从而大大削弱了“真实性”，另外，书写的同时也包含着大量臆断、推测，甚至捏造。而历史遗址保留着过去的痕迹，最具真实性与准确性，可以使我们直接地认识不可复现的时代。文明的创建与延续并不是一帆风顺的，是在与战争和野蛮的搏斗中成长发展的。天灾人祸使一些文明灭绝，战争也隐藏了许多不为人知的秘密，唯有挖掘出埋没多年的遗物、遗存并加以展示，才能让人类窥探历史的来龙去脉。就像林徽因前辈所说的那样“无论哪一个巍峨的古城楼，或一角倾颓的殿墓的灵魂里，无形中都在诉说，乃至于歌唱，时间上漫不可信的变迁，由温雅的儿女佳话，到血流成渠的杀戮”（《平郊建筑杂录》）。的确，人世沧桑，历史兴废的信息正是依存于蕴含着生气的石头、巍峨的城楼和倾颓的殿基这些实体。

遗址类纪念性建筑所展现的历史价值表现在以下几方面。

（1）历史内涵的丰富性

遗址具有精神创造与物质生产的两重性，它所携带的历史信息包含了从意识形态、人类审美趣味到社会生产水平、经济发展、政治制度和民风民俗等多方面、多层次的广泛内容。这种历史信息的广泛内涵，使遗址不仅具有科学价值，而且还具有社会学、经济学、考古学、建筑学、民俗学及宗教和美学等多重价值。

（2）历史文明的标志性

当遗址展示出的信息充分说明了某特定历史时期的社会特征，而这种信息又为广大民众所认识和了解的时候，遗址就成为见证该历史时期文明的标志，如北京的故宫（见图 2-3），罗马的角斗场，马丘比丘的古建筑遗址（见图 2-4）。遗址，成为人们了解古代世界最直接的途径，这种标志性本身，就是对历史最有力的证明。

（3）历史进程的整体性

在一定的环境范围内，众多的具有深度感的历史遗存构成了整个历史进程的整体。这种整体性有助于激发人们去认识和了解人类自己发展成长过程以及人类经历过的种种社会形态。

图 2-3　北京故宫

图 2-4　马丘比丘古建筑遗址

2.3.2　情感价值

遗址类纪念性建筑通过对遗址的展示，有助于增强人与环境之间的情感联系，增强民族凝聚力，激发归属感和自豪感，这就是遗址的情感价值所在。

瑞典哲学家哈尔登（S. Hallden）在他的论文《我们需要过去吗?》中说："生命的延续性的意识强弱决定于社会被历史激发的程度，遗址对这个激发过程起了很大的作用……除了少数例外，大多数人认为最好住在一个充满记忆的环境里，知道前后左右都是些什么东西，会使人感到安全。物质环境造成了意识文化的认同，他提醒我们要意识到这一代人跟过去历史的联系。"

在1972年联合国教科文组织召开的"世界文化遗产大会"上缔约的《保护世界文化和自然遗产公约》就是要保护各国各民族历史文化遗址，保证人类生活在一个知道自己历史的环境里。

遗址类纪念性建筑是当今世人抒情感怀的场所，它所蕴含的情感价值是复杂多样的。我们对情感价值的揭示有利于推进民族向心力的形成，激发民族情感。

2.3.3 经济价值

遗址类纪念性建筑对外开放，必然会带来一定的经济利益。人类社会正由工业文明向信息时代文明转变，随着劳动强度减少、工作效率提高、闲暇时间增多以及交通更加便捷等因素，旅游也迅速发展起来。旅游业的发展给旅游地国家或地区带来了巨大的经济收益，促进了繁荣与发展。遗址类纪念性建筑恰恰以强烈的历史信息、完美的艺术形象和深厚的情感价值而成为旅游资源的重要组成部分，创造出可观的经济利益并带动该地区的发展。

(1) 增加外汇收入

许多国家的外汇收入相当一部分是直接或间接来源于闻名天下的遗址旅游地，故而遗址的开放是外汇收入的途径之一。在当今世界贸易竞争激烈的背景下，旅游业作为非贸易外汇收入的来源渠道作用非常突出，而历史文化遗址旅游地更是处于举足轻重的地位。

(2) 提供就业机会

遗址的开发、建设、展示与服务本身就是多种行业的综合，因而对于这种旅游业所需的就业人数相对于其他产业要高出许多；再加上旅游业的带动力较强，还能带动相关产业的就业。

(3) 带动相关产业

各个国家地区那些颇负盛名的人类文化遗产，它们的关联带动功能很强。一方面，遗址的保护开发，遗址类纪念性建筑的建设必须建立在物质资料生产部门的基础上；另一方面其生存发展与其他行业密切相关，能够直接或间接地带动交通运输、商业服务、金融、地产、外贸等相关产业的发展，从而促进整个国民经济的发展。

2.3.4 价值定位

遗址类纪念性建筑的历史价值、情感价值及经济价值，三者之间存在着相辅相成、密不可分的关系。各种价值的相对重要性在不同的遗址类纪念性建筑中有不同的反映，但历史价值是最根本的，是一切价值的基础。历史价值是在漫长历史岁月中被附加上的各种历史信息所包含的内在价值，并不可再生。它为历史学和社会学的研究提供了丰富有力的实物例证，并表现了所处地区的历史发展的进程与渊源，是人们情感的寄托，民族记忆的见证。

在遗址类纪念性建筑的创作中，要坚持这样的态度：历史价值的保护置于第一位，在这基础之上重视情感价值的体现，兼顾遗址资源的经济利益，当几者之间出现矛盾时，以保护遗址为宗旨。

2.4 本章小结

本章主要针对遗址类纪念性建筑的内涵进行界定。开篇从遗址概念、纪念性建筑的概念入手，通过对遗址特定属性分析，进而对遗址类纪念性建筑的纪念性，包括其来源与分类、在当代的意义与价值进行深入剖析。最后通过历史价值、情感价值和经济价值的分析，对遗址类纪念性建筑价值定位作出系统阐述，指出创作中必须将历史价值的保护置于首要位置。

第3章
CHAPTER 3

遗址类纪念性建筑理论建构

当下社会，纪念性建筑不但肩负起传授知识、连接历史的重任，更是过去与未来之间的情感纽带，它让人类可以更加自如地直面历史上的重大事件以及重要场景。非常可喜的是纪念性建筑的数量在中国有了很大提高，设计水平也有了巨大飞跃，但纪念性建筑的理论研究，尤其是遗址类纪念性建筑的设计理论需要注入新的内涵以结束文化危机，完善的理论研究对于建筑设计也具有重要意义。

3.1 遗址保护理论研究

没有遗址，就没有遗址类纪念性建筑的存在。遗址是其核心的地位决定了该类建筑的设计应以遗址为中心，这就要求一切建设项目和环境设施都应有利于遗址的保护和展示。因此本节重点论述了国内外的遗址保护思想，同时又结合我国遗址的特殊性和本民族的自身文化背景，力争形成适合我国国情的遗址保护理论。

3.1.1 国外保护思想

进入二十一世纪之后，对历史价值的尊重已经成为遗址保护工作的主要方向，无论是 1904 年在雅典举行的国际博物馆大会、1931 年意大利文物保护条例，还是 1993 年的“雅典宪章”都阐述了同样的观点，保护和尊重人类文化遗产，已经成为国际共识。

二十世纪五十年代以后，随着资本主义经济的迅速发展，新的技术革命又在孕育之中。早期工业发展给人类社会带来的不良影响，开始引起人们的普遍关注。人们在与环境污染、环境破坏进行斗争的同时，开始反思工业化社会给人类带来的是幸福还是灾难，并思考如何保护城市环境的历史深度。五十年代历史学的发展主要是历史学研究方法，特别是与社会学的结合后推动了对文化遗产的历史研究，加强了文化遗产保护运动的历史主义倾向。

1964 年在威尼斯举行的“从事历史文物建筑工作的建筑师和技术人员国际会议”（ICOM）第二次会议通过了现代文物建筑保护领域最具权威性的文件——《威尼斯宪章》。它开宗明义地指出：世世代代人们的历史文物建筑包含着从过去的年月传下来的信息，是人们千百年来传统的活的见证……为子子孙孙妥善地保护它们是我们共同的责任。

《威尼斯宪章》自 1964 年发表以来，得到国际上的广泛承认，各国都把它与本国的有关法律相结合，指导文物保护工作，在实践当中《威尼斯宪章》演化出三项最基本的保护原则，这也是我们在进行遗址保护时所必须遵循的。这三项原则充分体现了《威尼斯宪章》的基本思想，即对文化遗产历史价值的保护。

（1）最低限度原则

该原则是指尽可能地采取最低限度的维护措施，以制止由于自然或人为造成的对遗址的破坏过程。这一原则包括多方面、多层次意义，其核心是在遗址保护中采取最简单、最必要的措施，最大限度地避免由于采取过度的措施而可能造成的遗址历史价值及本身的破坏，最大限度地保护遗址的原始状态。

（2）可读性原则

可读性原则包括两方面意义：第一，遗址文化所携带的历史信息必须是可辨认的；第二，遗址的各种历史信息必须是真实的。因此“可读性原则”要求在对遗址展示建设工程中必须保护原有的历史信息的可辨认性。一切因展示需要而修补、更换或增加的部分都可以辨认。这一思想是把对遗址的展示放到遗址的历史空间当中去，把对人类文化遗产的保护这一人类活动的印迹通过其自身的载体永远地保存下去，这一做法本身是对遗产历史真实性的强调，是对遗产历史价值的保护。

（3）可逆性原则

相对于保护而言，任何维修加固和增添措施都应是可以解除的。由于知识水平和科技水平的限制，人们无法知道他们所采取的保护措施和展示方式几年或者几十年、几百年以后是否仍有益于人类遗产的保护展示。事实也无情地证明有些曾被人们普遍采用的保护措施，本身就对文物遗产极其有害。况且，遗址保护的科学要求和方式抉择也是不断发展的；因此，从原则上来说针对遗址保护的直接措施，都应是临时性的，可解除的——可逆的，这就是遗址保护的可逆性原则。同时作为一种历史性的工作过程，我们对遗址的保护也必须为后人能够采取新的、更为有效的措施提供更多的可能性。

国际文物界提出的这三项基本原则是以对遗址的历史价值充分认识为基础的，它表明了现代国际上的基本倾向，具有重要的指导意义，同时也是我们进行遗址类纪念性建筑创作所要遵循的原则。但建筑创作毕竟不是考古研究，在充分尊重这些原则的同时，不可忽视建筑创作本身的创意和构思。

3.1.2 国内保护思想

我国现代意义上的保护工作开始于20世纪30年代。

1949年中华人民共和国成立以后，人民政府发布了一系列关于文物保护的法规，对文物遗址的保护工作起了重大的作用。在这些有关的法规中，对人类文化遗存的历史价值给予了一定肯定和关注。但由于对其历史价值内涵缺乏明确的认识，出现了所谓“恢复原状”“重修重建”“添墙加瓦”的片面的违背客观事实的提法，导致了我国文物遗址在保护观念和行为上出现了指导性错误。

具体来说，“保护现状”和“恢复原状”是中国对待遗址保护态度的基本原则。这两条原则最早在1961年国务院发布的“文物保护管理暂行条例”中提出。“条例”第十一条规定：“一切核定为文物保护单位的纪念建筑物、古建筑、古窟寺、古刻、雕塑等（包括建筑物的附加物），在进行修缮、保养的时候，必须严格遵守恢复原状或者保存现状的原则。”同时国务院在“关于进一步强加文物保护管理工作的指示”中对“文物保护管理暂行条例”作了说明：必须注意尽可能保持文物古迹的原状，不应当大拆大改，或者将附近的环境大加改变，那样做既浪费了人力物力，又改变了文物的历史原貌，甚至弄得面目全非，实际上是对文物古迹的破坏。

由此可见，当时主要是强调维护遗址遗存的现状。除了经济制约因素之外，这一原则本身就反映出对遗址历史价值的尊重。

1963年8月，文化部颁布了“革命纪念建筑、古建筑、古窟寺修缮暂行管理办法”。这是我国关于文物建筑保护的第一部比较系统、科学化的法规，是对以前各种有关法规的总结。其中第三条提出了“保护现状”“恢复原状”这两项不同的遗址保护原则，并把它们作为遗址保护要求不同层次的工作。然而“恢复原状”的原则导致出现了一些“风格”“法式复原”和“完整性”的倾向。1963年以后的许多有关法规仍一再提到“保持现状”和“恢复原状”这两项不同的遗址保护原则，但是由于没有进一步的说明，“恢复原状”原则中对“原状”的理解的不确定性造成了人们思想上的混乱。人们关注的中心也以对遗址的历史揭示转向遗址展示的风格化、整体性和艺术审美要求的非真实性误区。

1982年“中华人民共和国文物保护法”第十四条规定：“核定为文物保护单位的革命遗址、纪念建筑物、古藏墓、古建筑、古窟寺、石刻等，在进行修缮、保养、迁移的时候必须遵守不改变文物原状的原则。”1986年7月文化部发布“纪念建筑、古建筑、古窟寺等修缮工程管理办法”，对“文物保护法”中提出的“不改变原状”原则作了详细的定义。“管理办法”第三条的原文是：“‘不改变原状’的原则，系指始建或历代重修、重建的原状。修缮时应按照建筑的法式特征、材料质地、风格手法及文献或碑刻题铭的记载，鉴别现存建筑物的年代和史建或重修重建时的历史遗物，拟定按照现存法式特征、构造特点进行修缮或采取保护性措施；或按照现存的历史遗存，复原到一定的历史时期的特征、手法、构造特点和材料质地等，进行修缮。”从中我们可以看出“不改变原状”原则的解释，并没有能够解决对遗址“原状”的混乱认识，从而这一原则导致遗址保护进一步追求“复原”“艺术性”“整体性”和“规模”等的违背遗址历史真实性的行为发生。从对人类文化遗产保护的现状来看，这一方式本身就是对遗址历史价值的潜在威胁，这就形成了目前国内许多保护单位对遗址保护不尽人意的现状。问题的关键，仍在于人们对遗址历史价值认识上存在片面性。

国内的遗址保护思想，与几千年来中国人民特有的文化背景和审美情趣息息相关，与中国这些文化遗产在构质方面的特殊性也是分不开的。

3.1.3 国内保护特殊性问题

中国传统文化对文物遗址的保护有着重要影响，这种影响在一定程度上甚至超过中国文物遗址自身特点的影响。由于传统文化及意识形态包含着一些非科学因素，就使得达到遗址在保护方面所应达到的科学程度困难重重。充分认识和理解中国遗址的特殊性，以在国际文物保护运动中已被证实行之有效的基本原则为指导，提出适合国情的保护原则与方式是有效途径。

(1) 传统观念对遗址保护的影响

影响中国遗址保护的传统观念主要包括两方面内容，即传统审美观和传统修缮观。

传统审美观念主要表现对“完善”的追求，这种审美观在中国传统文化的各个方面强烈地表现出来，同样也在很大程度上影响了人们对遗址展示的鉴赏。自1949年新中国成立以来特别是20世纪80年代以后，许多遗址成为人们游览、参观、受教育、研究的场所，这就是普通人只是把遗址当作审美对象或反映古代劳动人民勤劳智慧的实物例证来欣赏，而不是把遗址当作人类历史的见证，去关注它所具有的内涵丰富的历史信息；因此在感情上就不能接受遗址那种历尽沧桑、残破不全的外观形象，总是希望它是完整如初、灿烂辉煌的。这种观念经常使得主管文物遗址保护、修缮的部门在将遗址对外开放的工作中面临来自各方面的压力，本地区首脑部门在考虑吸引游客，增强经济效益时不得不作出妥协和让步，在通常情况下这种妥协与让步意味着对遗址历史价值的损害。

传统修缮观则以“重塑庙宇，再塑金身”的思想为代表，重视的是对遗址形体复原和象征意义的维护。当遗址破烂不堪，已失往日气势时，他们便会“不遗余力”地重现它曾经的辉煌，否则就“对不起老祖宗”了。正如梁思成先生所说：“其唯一的目标，在将已破蔽的庙庭，恢复为富丽堂皇、工料殷实的殿宇，若能拆去旧层，另建新殿，在当时更是颂为无上的功业或美德。”这种修缮观在民间仍有一定影响，同样破坏了遗址历史价值的体现。

(2) 遗址自身构质的特殊性

我国遗址有很大一部分是建筑和基址。建筑一般为砖石建筑和木构建筑，基址一般为夯土。木材材质较砖、石强度和耐久性都要差，容易糟朽和变形。而且一旦开始糟朽如不能加以控制，很快就会导致整个构件甚至构架的彻底破坏。而且木材还容易受到来自蛀虫的破坏，木构件受到虫蛀后，会引起局部强度的降低，进而造成整体性的破坏。对于夯土墙基和某些作坊遗址更是容易受到地下水、地震和雨水等强有力的破坏。因而中国古代的文化遗址，大多在经过风风雨雨千百年来的洗礼后已是破损不堪，这一类型的遗址的修缮、保护遵从必要的传统方式是切实可行的，但同时也要尽可能地在保护工作中体现出国际文物保护的“最低限度原则”“可读性原则”和“可逆性原则”的基本思想。而对于一些近现代的战争遗址的保护，则应以国际文物保护运动中已被实践证明时行之有效的基本原则为指导。

总之，针对遗址的保护，既要充分揭示其历史价值，维护其本来面目，而又不过多忽视其美学艺术价值；还要考虑到中国人民特有的审美情趣。需对遗址“修缮”的部分在仔细检查时用能与原物有所区别或以文字标注的形式加以说明，以防止出现以假乱真，伪造遗址。我们在遗址类纪念性建筑创作过程中时刻不能忘这样一个原则——遗址的保护是提供真实可靠的历史见证，对其历史信息的永久保存是最基本原则。

3.2 历史地段保护与更新理论研究

遗址类纪念性建筑必然选取具有重大历史意义的遗址区域进行建设，这些区域往往是城市中具有历史价值、艺术价值、情感价值及经济价值的历史地段，因此遗址类纪念性建筑的设计必然要遵循历史地段保护与更新的基本理论，并以之作为设计中的指导性理论。

3.2.1 遗址与历史地段关联性研究

历史地段常以其强烈的历史信息、完美的艺术形象和深厚的情感价值，体现着人类建筑活动时空与心理多维的选择与复合，通过学术界所界定的历史地段的确切含义，可以明确遗址与历史地段之间的关联。历史地段的确切含义学术界认为应具有以下几个特征。

① 历史地段是有一定规模的片区，并具有较完整或可整治的景观风貌。它代表了这一地区的历史发展脉络，拥有集中反映地区特色的建筑群，具有比较完整而浓郁的传统风貌，是这一地区历史的见证。

② 历史地段具有一定比例的历史遗存，携带着真实的历史信息。历史街区不仅包括“有形文化”的建筑物及构筑物，还包括蕴含其中的“无形文化”和场所精神。

③ 历史地段应在城市生活中仍起重要作用，是新陈代谢、生生不息的具有活力的地段，它不仅记载着城市大量的历史文化信息，还不断继续记载着今天城市的发展信息。

“遗址类纪念性建筑往往选址在遗址区域，恰恰是构成历史地段的重要组成部分，因此遗址类纪念性建筑的保护理论对于历史地段的保护与更新也具有值得借鉴的学术意义。”

3.2.2 历史地段中遗址类纪念性建筑创作制约原则

(1) 社会制约性原则

遗址类纪念性建筑作为人类社会生活环境中的重要构成部分，进入到社会大系统的复杂发展中，必然要接受社会各方面的作用和选择，而不能孤立的发展。社会制约性原则即指创作要受社会法律规范的制约、社会心理的制约、社会物质经济条件的制约等几方面综合作用。

(2) 城市制约性原则

任何遗址类纪念性建筑都是特定城市环境中的有机组成部分，其创作必须在城市设计的指导下进行，需服从城市或区域总体规划要求。城市制约性原则主要表现为：性质区位的限定；环境肌理的限定和建筑形体的限定。建筑创作要重视建筑外部环境与城市空间的契合，与相邻的建筑之间形成连续通畅的城市空间。

(3) 场所精神原则

遗址类纪念性建筑创作要注意深化和升华环境的情感价值，要能引起人们对历史的回忆并加深对环境的记忆，要具有归属感和场所精神。日本建筑师安藤忠雄（Tadao Ando）曾经提出，在历史文脉中，创造性的设计可使事物再现其岁月流逝所失去的东西，这就是人们集体记忆中的“场所精神”。

(4) 环境整体再生原则

整体再生是生态意义上的概念，是环境综合观和动态发展观的结合。“国内许多遗址现状不尽如人意，诸如发展长期停滞、遗迹保存情况不完善、周围整体环境状况较差等现象不一而足，这些现象的出现，除了行政主管部门的重视程度、遗址保护理论的滞后等客观因素外，更重要的是从学术角度、创作角度对整体环境进行有效地整合，通过外部环境设计的营造，通过对单体建筑与整体环境、建筑空间与建筑艺术的整合，促使环境整体再生并具备可持续发展的动力。”

3.2.3 历史地段中遗址展示方式研究

(1) 展示方式

遗址展示方式直接关系着遗址类纪念性建筑的创作，不同形态特征的遗址应具有不同的展示方式，并导致不同的建筑创作。历史地段中遗址的展示受遗址特征、经济状况、技术条件、人为意识及历史环境的影响，主要有以下几种方式。

① 露天展示　一般有两种形式：一、是遗址置于露天之中，按原样不加任何遮蔽手段；二、虽为露天展示，但在遗址上加设简易的保护罩。一般来说露天展示的遗址通常具有如下特点：一、规模宏大，如城墙、宫殿、寺庙、石窟等；二、遗址本身为砖石质构，抗自然破坏力强；三、遗址本身具有天然展示个性。

② 示意展示　是指对遗址发掘并获得资料后加以回填，原封不动保持原状，以花草、灌木、卵石或其他合适的形式示意标注其范围。一般说来示意展示的遗址具有以下特征：一、遗址本身难以保护；二、遗址破损十分严重，展示已失去意义；三、由于经济技术条件的制约不适合展示。

③ 室内展示　通常是指在遗址之上，修建建筑物以保护遗址不受大自然风雨的侵袭，同时可以结合遗址创造出良好的人工展示环境，并注重创造人与遗址之间的时空情感联系中介，满足观众情感寄托、认知教育的场所。一般说来采用室内展示的多是考古类遗址或具有特殊重大历史意义的战争遗址。

④ 地穴展示　主要指陵墓或自然岩洞遗址的展示方式，是由其自身形态所决定的，非人力能为之。

（2）展示程度

前文论述了遗址的展示方式，另外展示程度与之互相影响，构成统一体。对于建筑设计人员来说，这虽不属于本职主要工作范畴，但它是一把标尺，衡量和限定了设计的难度，并要求我们针对不同的展示方式和展示程度提供相应的建筑设计方案。

① 保持　是指维持场地现状，即不改善提高，又要防止继续衰亡。采取保持方式展现遗址时，必须注意其历史价值的保护，仅在尊重整个遗址区域环境下引入极少量的新元素。

② 维护　采取主动措施防止遗址的进一步破坏，为了保护其历史环境、价值与形态，有时需要采用先进的科学技术，不可避免地进行局部维护、改换。

③ 修复　指在对历史概况进行广泛细致的调查、考古研究之后，将倒塌、散落、破碎的部分进行复位。修复往往包含了设计和施工过程，不可避免地引入一些新元素。这种方式在我国比较盛行，主要是针对中国古建遗址而采用。

④ 更新　在承认和保留历史事实的同时，根据遗址的类型、历史涵义以及残留的程度，插入新元素，对遗址场地进行改善或增加，使其适应现代展示的要求。这一方式强调的是更新与历史协调统一、融为一体。更新方法由于引入新元素较多，如处理不慎，往往会破坏遗址和历史环境。

⑤ 标识　在许多情况下曾经是历史遗存的古迹早已荡然无存，这样在附近竖立反映遗址内容的石碑或标识牌来标识，是一种最低限度的保护手段。

⑥ 重建　重建荡然无存的历史遗址，是对遗址的复制，它仅仅是形体艺术上的再现，不可能再现其历史价值。其行为本身带有极大的臆测性，从根本上否定了遗址从形成之日起的整个历史发展过程。从维护其历史价值的观点来看，是一种欺骗行为，但我们又不得不承认这种方式的存在。在特殊情况下，要从扩大民众的情感出发，力求科学与准确的再现，并标以明确的标注，以防年长日久后，无法考证其真伪。

"重建"的方式只适合于公园、游乐园这种场所，对于遗址类纪念性建筑则基本不采用此种方式。

以上提供的只是不同程度的保护展示方式，并不是任何一种都可以任意采纳，在前文中所阐述的保护原则要求我们尽量尊重历史原样，减少新元素，为此应力求采取"保持"和"维护"这两种方式，并慎用"修复"与"更新"两种方式。

3.2.4　新旧建筑协调理论研究

如前文所述，遗址类纪念性建筑必然选取具有重大历史意义的遗址区域进行建设，保护好遗址区域内众多具有历史价值的历史遗存，决定了在遗址区域内设计新的建筑一定要慎重，新建筑与旧建筑（或旧建筑遗址）如何协调是每一位建筑师不可回避的重大问题。

《威尼斯宪章》规定："当文物建筑因特殊需要有所增补时，新建的部分必须采用当代的风格。同时要在环境、色彩、尺度、体量和材质等方面与古建筑取得和谐，现代的东西就是现代的风格，不可造假和伪造历史。"这段话对我们启发很大，我们往往过于强调统一，而对多样化重视不够。历史已经无数次地证明，新旧建筑、不同风格的建筑之间是可以取得协调的，风格的统一不是取得协调的必要条件。

在遗址类纪念性建筑的创作中，重点强调的应该是整体环境风貌的保护，强调保护各建筑物之间，以及建筑物与广场、道路、绿化之间的总体空间关系和构成。对新建筑的设计，并不应一概否定，而是要在体量、高度和空间布局上进行宏观控制，使之与遗址区域内旧建筑（或旧建筑遗址）融合共生。正如陈志华先生所言，"风格对比的建筑物也能构成协调的景观"。只不过我们要避免拙劣的对比造成的喧宾夺主和杂乱无章的效果。

布伦特·布罗林（Brent C. Brolin）在《建筑与文脉——新老建筑的配合》一书中认为新旧建筑的协调有两种方法：一是刻板地从周围环境中将建筑要素

复制下来，照搬现有的建筑设计母题；二是用全新的形式来唤起，甚至提高现存建筑物的视觉情味。他认为，新老建筑的配合不是复兴历史的风格，而是复兴一种观察整个建筑文脉的方法。

实践中，我们认为新旧建筑之间的协调大体有如下三种处理方式。

(1) 涵旧于新

伯纳德·屈米（Bernard Tschumi）设计的弗雷斯诺国立当代艺术学校（见图 3-1～图 3-3）是新旧建筑组合设计的佳作。该学校是由一座 20 世纪 20 年代的娱乐综合中心改造和扩建而成的。设计者将老建筑置于体现新技术的大屋顶的保护下，同时在新屋顶结构下设置为整体建筑服务的技术设施。新老建筑和谐地统一于同一个屋顶之下。

(2) 新旧共享

德国达豪纳粹集中营纪念馆（见图 3-4），是为纪念第二次世界大战期间，在达豪集中营被杀害的 3.2 万名犹太人、战俘、反纳粹人士而利用原集中营遗址，保留原来的规划格局，修复部分建筑改造而成的。原达豪集中营在战争中曾受到很大破坏，在该遗址保护时，既保留了战争破坏遗迹，又小部分原样修复，其余的部分则只修复基座部分，让人在新与旧共享中对集中营的状况一目了然，从而领略到荒漠、肃穆的纪念性的环境气氛。

图 3-1 弗雷斯诺国立当代艺术学校（1）

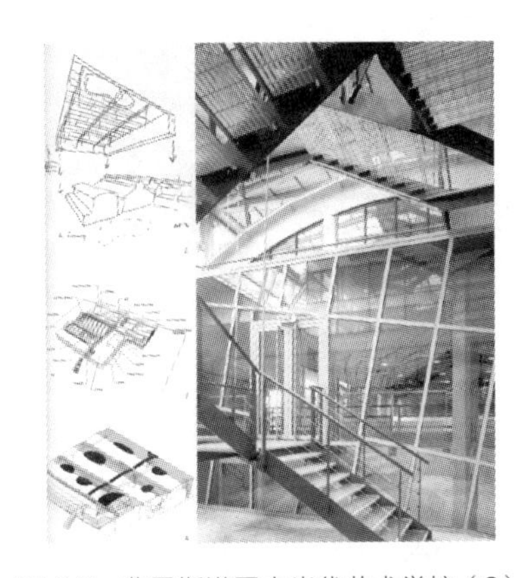

图 3-2 弗雷斯诺国立当代艺术学校（2）

图 3-3 弗雷斯诺国立当代艺术学校（3）

图 3-4 德国达豪纳粹集中营纪念馆

图 3-5　卢浮宫扩建工程

(3) 隐新于旧

为了完整的保持原有建筑的环境和造型特点，将新建部分置于旧建筑之下，体现了一种谦和的历史态度。贝聿铭设计的卢浮宫扩建工程（见图 3-5）是这一手法的杰出代表。扩建部分完全置于地底，只将玻璃锥形的采光口置于拿破仑广场中心。该玻璃造型最大限度地减少了新建部分对原有建筑的干扰，使整个建筑群依然保持完整的风格与景观，成为该类工程的典范之作。

在遗址类纪念性建筑的创作中，综合地运用涵旧于新、新旧共享、隐新于旧等协调手法，可使老建筑重新焕发光彩，新建筑真正融于旧的环境。

3.3　遗址类纪念性建筑创作观念

在遗址类纪念性建筑的创作中，必然要以理论为基础，并遵循一定的创作理念来完成设计，在设计中我们认为应该遵循如下一些创作观念，并将这些创作观念贯彻并渗透到具体的设计手法中去，这样才会提高创作质量，深化创作内涵。

3.3.1　凝聚主题思想

设计纪念性建筑，首要的就是确定主题思想，它是贯穿于整个设计的灵魂。遗址类纪念性建筑的创作亦是如此，恰当地确立主题思想对于设计的成败至关重要。

从根本上讲，在遗址类纪念性建筑的创作中，纪实和抒情是必须具备的两种功能。一方面，记述史实，昭示后人；另一方面抒发对被纪念事件或人物的感情，并感染观者。记述史实可以通过建筑语言，以及非建筑手段（如文字、绘画、雕塑等）来实现，在遗址类纪念性建筑中，“遗址”就是述说历史的最佳代言人。抒情则要与纪念主题紧密相连，并且带有明显的情感倾向性，陵墓的肃穆、伟人的崇高、战争的惨然、胜利的喜悦……这些都反映了鲜明的人类情感，反映了一种普遍的社会意识，同时也是一种人文历史的延续。

(1) 主题思想确立的影响因素

① 纪念性题材因素

题材是确立主题思想的基础和依据，不同题材的纪念内容，主题思想自然不同。题材根据纪念内容可分为人物和事件两种。一般来说，人物纪念主题要深刻，要深入挖掘人物的内在品格，力求抓住人物的本质特征，这样作品才能真正全面、真实地反映纪念对象，达到纪念的目的。事件纪念主题要鲜明，要鲜明甚至略带夸张地表达出事件的情感特征，这样才能强化作品的感染力。实际设计中，许多作品的纪念内容既有人物性，又有事件性，这就需要从人物的深刻和事件的鲜明两方面来构思主题。

② 建筑师个人因素

由于每个人不同的社会经历、不同的世界观以及对事物的不同理解，造成对同一纪念内容的不同表达方式和侧重，也因此形成不同的主题思想。例如1961 年美国进行的罗斯福总统纪念碑设计竞赛，参赛方案共 574 个，其中没有在立意或主题构思上是完全重复的。

采纳方案以一组叠泉和建筑小品为主体，创造出园林式空间，力求把纪念碑创造成一个完整的环境，使人们进入到各种不同的体验中，时而严肃、沉思，时而快乐、有趣，设计者把对纪念对象的理解留给了观者。而竞赛的一等奖方案则形象鲜明，纪念碑通过几块“书”式的板片突出了罗斯福作为学者和伟人的特征，空间尺度大、变化多，感染力集中而强烈。

③ 纪念内容的社会历史因素

任何题材的纪念内容都是在一定的社会历史条件下的产物，设计者必须使自己对纪念内容的理解符合历史真实和社会的发展，才能使主题思想不仅为当代社会所接受，同时具有永恒的生命力。贝聿铭设计的肯尼迪纪念图书馆（见图 3-6），在外形上以对比强烈的黑白色调为主体，简洁明朗，巧妙地表达出对肯尼迪一生历史的公正评价——褒贬不一，毁誉参半。做到对历史事物的历史性洞察是非常困难的，这要求建筑师必须有对社会的深刻理解和强烈的责任心。如不能公正地、历史地对纪念内容进行理解和判定，即便是建筑处理得再高明，也会由于主题思想的不恰当而不能取得应有的艺术效果。

必须指出：上述三个影响因素在每一个具体的设计中都不是割裂存在的，而是综合起来发生作用的。设计者必须使它们在自己的构思中很好地统一起来，以求主题思想的完美与准确，严肃与神圣。

图 3-6　肯尼迪纪念图书馆

(2) 主题思想表达的有效途径

纪念性建筑主题思想表达的过程就是一般、普通的建筑语言同具体、特殊的纪念意境整合的思维过程，其有效途径包括以下四个方面。

① 创造具体的空间场景，使一般化的建筑语言获得具体特殊的意义。例如，日本藤村纪念堂（见图 3-7），通过再现藤村先生关于故乡的写景，创造了一个充满诗情画意的环境。

图 3-7　日本藤村纪念堂

② 赋予一般化的建筑语言以独特、具体的感情色彩。例如，侵华日军南京大屠杀遇难同胞纪念馆表现出悲凉和凄惨，柏林犹太纪念馆（见图 3-8～图 3-10）隐喻着痛苦的挣扎，美国华盛顿犹太纪念馆（见图 3-11～图 3-13）透露出阴森和恐怖。

③ 将一般化的建筑语符置入时间流中，与特定建筑的空间组织进行整合，并使之符合建筑师所营造的纪念意境。

图 3-8 柏林犹太纪念馆

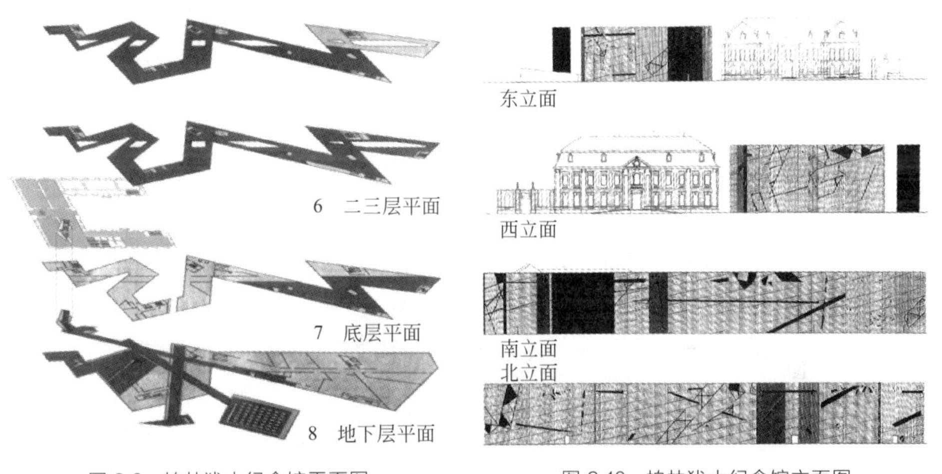

图 3-9 柏林犹太纪念馆平面图

图 3-10 柏林犹太纪念馆立面图

图 3-11 华盛顿犹太纪念馆（1）

图 3-12　华盛顿犹太纪念馆（2）

图 3-13　华盛顿犹太纪念馆（3）

④ 适当的点题文字，如民权纪念碑中马丁·路德金的话，有助于将朦胧的意境具体化，使主题更突出。

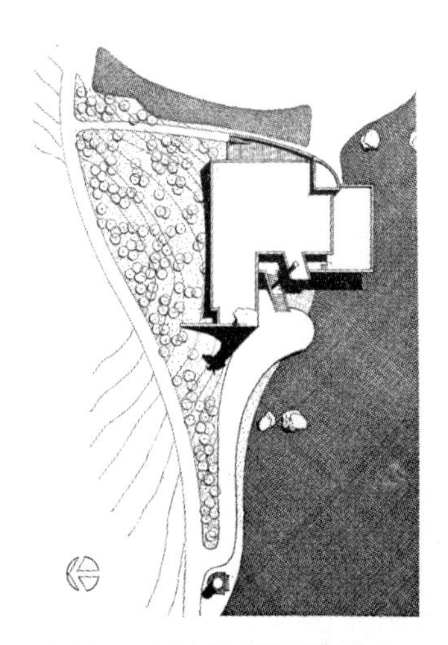

图 3-14　甲午海战馆总平面图

3. 3. 2　深化文化内涵

遗址类纪念性建筑要求有很高的艺术性和感染力，因此有人把它比拟为建筑中的“诗”。然而，这种感染力必须和特定的纪念主题、内容相联系，以期求得形式和内容的统一。从这个意义上来讲，深化建筑的文化内涵、塑造建筑个性形象，也就成为方案构思能否获得成功的关键。一般而言，个性愈鲜明、文化内涵愈深刻，它的艺术感染力也就愈强。为了达到深化文化内涵，塑造个性形象的目的，建筑师在设计时往往综合运用象征、隐喻和联想等手法和因素，体型上也往往出于环境要求或独特构思，突破规整的几何体型，借助独特体型来赋予建筑文化内涵，如彭一刚先生设计的甲午海战馆（见图 3-14～图 3-16）就是成功的一例。通常来说，对文化内涵的提炼归纳起来有以下几种途径。

图3-15 甲午海战馆（1）

（1）从遗址特征中产生

对于遗址而言，其特征明显、价值重大，是历史沧桑的最佳见证，这就应从遗址本身所传递给设计师的特征入手，寻求深层次的文化内涵。河姆渡遗址博物馆中，设计者从遗址中选择了“榫卯”这种特殊的古代构造形式，作为再现原始村落特征的主要手段，并以此为母题，用现代建筑语言加以表现，较好地反映出河姆渡遗址的文化内涵。

图3-16 甲午海战馆（2）

（2）从地域特征中产生

有许多纪念馆，往往从某一地区的民居、古城墙、古塔等传统的建筑特征入手进行创作。南京梅园周恩来纪念馆以青灰面砖和黑色机瓦的二层坡屋顶形象进行中和，统一在里弄街坊的环境之中，构成一座典雅的具有地方民居特色的时代建筑；上海鲁迅纪念馆以浓厚的江南建筑风格、朴素的民居格调闻名，黛瓦、白墙、坡屋面同丛林草坪浑然一体，“化整为零”“小中见大”，不追求高大、规模尺度，而求其融合平和，掩映在绿色怀抱之中（见图3-17～图3-19）。

（3）从环境特征中产生

环境是文化的一部分，某些建筑的文化特征隐含在特殊的环境文脉当中，从这一点出发，再现环境特征，往往可以使人有身临其境之感。如四川自贡恐

图 3-17　上海鲁迅纪念馆

图 3-18　上海鲁迅纪念馆内庭院

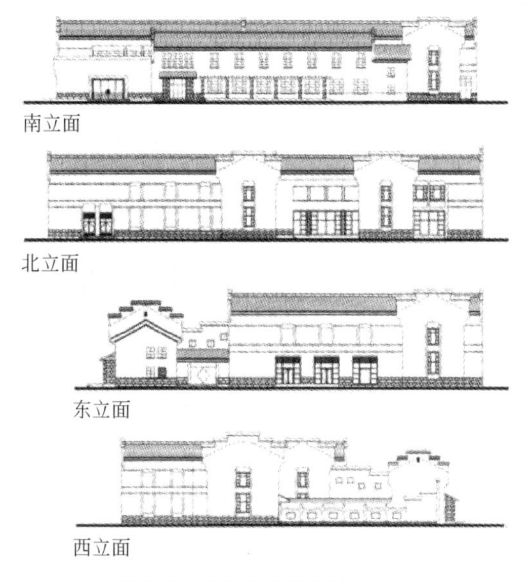

图 3-19　上海鲁迅纪念馆立面图

龙博物馆，从再现远古环境的构思出发，建筑造型取意于一堆巨石，外部环境也种植古代树木，采用各种手法，使观众仿佛进入了恐龙生活的时代，为展示恐龙文化提供了绝佳的场所。

(4) 从艺术风格特征中产生

许多艺术类纪念馆，可以从艺术风格的特征中提炼出适于建筑语言表现的文化内涵。美国的摇滚音乐名人堂（见图 3-20、图 3-21），用几何体块的穿插、错裂、对抗、碰撞等手法体现了摇滚乐粗野、狂放、刚劲有力的风格特点，成功地表达了摇滚乐给人的感受。难怪美国杰出的歌星迈克尔·杰克逊参观后，激动地说："感谢贝聿铭为摇滚乐建造一个家。"岭南画派纪念馆（见图 3-22），

图 3-20　美国摇滚音乐名人堂（1）

图 3-21　美国摇滚音乐名人堂（2）

图 3-22　岭南画派纪念馆

用自由的体型，丰富的曲线和植物装饰等手法，表现出岭南画自由、飘逸、浪漫的艺术风格，受到广泛好评。

(5) 从历史文脉中产生

文脉是指一个地区或城市历史文化的脉络，即连续性发展的特征。由于某段历史时期的文化价值重大、影响深远，建筑中着重表现这一时期的文化特性来较好地体现出文化内涵。

(6) 从主题思想中产生

前文论述过，主题思想往往具有严肃性与唯一性，纪念性建筑只要深刻把握主题思想，便可把握住深层次的文化内涵加以表现。

从以上分析可以看出，文化内涵的把握、个性形象的塑造绝非易事，一幢成功的建筑往往从多处内涵来提炼文化特征，是综合的产物。一般来说，设计中要以一种文化内涵为主，其他相关为辅，综合考虑进行创作。

3.3.3 传承地域精神

"不同的地区，不同的环境因素，都能产生其地方特色的杰作。"在世界文化趋同的现象下，个性结果是必然的。我们所说的"地域化"代表了时间与空间两方面的含义，是自然地理和人文地理两方面的概念。建筑作为文化的一个组成部分，是一定历史时期、特定地域文化的产物，因此要在设计中传承地域精神。地域化要求将地区建筑生成、生长的过程置于一定的自然、经济、社会、文化等综合因素的网络中，整体系统地看待地域化的形式与成因，从中发扬其永恒的内在机制与基本建筑原则，从更深层次上认识建筑本质内涵，这也是遗址类纪念性创作中的一条重要创作观念。

1995 年日本东京举办了一个展览会——"根"，意在寻求亚洲建筑的根——文化之根、传统之根、多样之根。1996 年 5 月在新加坡召开的"现代化发展中的地区建筑学"（Modernizing Vernacular Architecture）讨论会，探讨发掘建筑地域化的方式，如从地方的气候特征出发寻求地区的建筑文化；从发掘地方传统文化中寻找失落的建筑文化；从保护建筑与环境的关系，尊重现有环境的基础上，发掘地区文化，并分析运用当代的科学、文化、艺术成果，创造新的地区建筑学等。可见，"地域化"主要是地理、经济发展和社会文化上的概念，所有这些条件将综合地起作用。

(1) 地理环境的地域化

任何建筑都是建造在一个特定的地点上，而建筑物一经建造出来就不能随意移动，形成相对稳定的环境。因此，地域化首先表现为地理环境的特殊性。强调地区环境的特殊性和客观性，是建筑地域化的思考标志，也是设计中要考虑的一个重要问题。

（2）社会文化的地域化

一个地区特有的文化与习俗，是地域化不可缺少的组成部分，正是由于各具特色的地区文化根植于当地的生活之中，才孕育了本地区的建筑文化和特有的“场所精神”。

（3）经济发展的地域化

经济和技术因素是影响建筑地域化的一个重要方面。一个地区的发展，一方面要大力提高技术经济水平，有选择地学习和吸收先进技术；另一方面要改进和完善现有技术，充分发掘传统技术的潜力。

在当今文化趋同和寻求地域化同时存在的情况下，建筑面临着的挑战是世界的时空观已经发生了巨大的变化。一方面，那种某一风格延续上百年的历史不复存在，“变化”成为当今世界主旋律，且变化周期正在缩短，它导致了各种建筑风格与思潮交叠共存。另一方面，地区的概念正在变化，地区之间的互相影响日益增大，在这种情况下，探求地域化变得更加困难，也更有意义。

我认为，传承地域精神，探索地域化应坚持以下两个原则：①立足于当地现实生活，从当地的现实生活中寻找建筑的传统；②借鉴其他地方合理、先进的因素，充实当地建筑文化。

通过当地历史形成发展过程中所产生的有关组成空间物质要素特色的反映，通过与当地居民有许多感情牵连的事物的回忆与联想，从而引起观者思想上的共鸣。

3.3.4 弘扬时代特征

关于建筑风格的时代性，历史上就有过激烈的争论。从近百年建筑风格的演变过程来看，一直存在着现代风格与传统风格的争论，有的历史时期甚至出现反复，但具有时代精神特征的建筑最终会确立其应有的地位。金兹堡在20世纪20年代的关于风格的时代性的观点至今仍然有意义。“在那些人类文化的最辉煌时期，存在着一个非常明确的意识，对形式的、独立的、现代的理解的合法性充满自信。只有一个颓废堕落的时代，才愿意让现代形式屈从于过去时代的风格。”他认为“没有现代性，艺术就不称其为艺术”。

在遗址区域内建造新建筑应是我们时代的建筑，也应该具有这个时代的风格与特征。贝聿铭在谈到东馆的设计时说："我们希望有一个属于我们时代的建筑，另一方面，我们也希望有一个可以成为另一个时代建筑物好邻居的建筑物。"这段话启示我们，在协调新老建筑的同时，要注意弘扬建筑的时代特征。

彼得·埃森曼（Peter Eisenman）的韦克斯纳视觉艺术中心（Wexner Center for the Arts）落成于1989年10月。建筑坐落在俄亥俄州立大学校园椭圆形广场的东北角，该地段已有两幢建筑物——粗野主义的维吉尔礼堂和分段式古典主义风格的默逊会堂，并遗留有一座毁于1958年大火的军库遗址。埃森曼采用广义文脉主义和解构主义的设计手法使艺术中心与已有的建筑巧妙地结合，组成一个新的艺术综合体。在设计中，白色金属构架将两幢古建筑拉结在一起，地段上遗留的军火库遗址被保留下来，昭示着一段历史，但不是用原来的军火库，而是一个经过简化、肢解、扭曲的形象，也许这正暗含了"一切历史都是当代史"的论断，红砂岩台基则是地方主义风格的体现，埃林曼独到的设计思想和手法是丰富而深刻的，从某个角度反映了这个时代的特征。

3.4 本章小结

本章针对遗址类纪念性建筑理论匮乏的现状，全面、系统而深入地进行了理论建构。开篇通过国内外遗址保护思想分析，指出了国内保护的特殊性问题，并提出遗址保护原则。然后，通过深入研究遗址与历史地段的关联，提出了历史地段中遗址类纪念性建筑的制约原则，对展示方式及展示程度进行了深入剖析，并对新旧建筑的协调进行研究并提出策略。最后提出了指导设计的创作观念，力求帮助建筑师树立正确的创作观念，并探求与实践相联系的契合点。

第4章
CHAPTER 4

遗址类纪念性建筑整体设计

前面的章节，详尽地剖析了遗址类纪念性建筑相关理论，并提出了具有针对性与指导性的创作观念，这无疑会为设计提供坚实的理论基础，本章则力图建构整体的设计方法，通过原则、手法、方式、内容的一一解析，梳理出遗址类纪念性建筑的设计脉络，以求能对设计实践产生指导意义。

4.1 设计原则

4.1.1 整体性原则

遗址类纪念性建筑的整体性设计原则是指：遗址是城市的一个有机组成部分，研究遗址类纪念性建筑的特征就要从城市的角度总体把握，设计要整体考虑人类活动、建筑物、空间结构及周边环境与遗址保护的关系，在保证遗址的历史价值不被破坏的前提下，整体性地塑造与遗址共存的遗址类纪念性建筑形象。

整体性的设计原则，是从城市设计的理论中引入的。关于城市的整体性，C·亚历山大（Christopher Alexander）认为“城市设计的基本目标是创造一个‘整体’的城市，也就是说，城市在其生长的任何阶段看起来总是一个完整的整体”。这就是说，城市是完整的、有机的，不能机械分开的整体。同样，在遗址类纪念性建筑的设计中，整体性可以宏观地把握一切有效组成部分，从而使其历史价值得到升华。

在遗址类纪念性建筑设计中，建筑师必须充分考虑整体性原则，将所要呈现的纪念性建筑植入历史、溶于时代、与城市共生，才能设计出震撼人心的作品。位于我国南京的“侵华日军南京大屠杀遇难同胞纪念馆”共有三期，一期由齐康院士设计，于1985年8月15日建成开放，设计以“生与死”“痛与恨”为主题，建筑物采用灰白色大理石垒砌而成，气势恢宏，庄严肃穆；广场由悼念广场、祭奠广场、墓地广场3个外景陈列场所组成，“遇难者300000”的石壁、鹅卵石、枯树、断垣残壁等诸多要素，让人印象深刻、过目不忘。由于一期设计珠玉在前，二期、三期的设计难度可想而知，要充分把握整体性设计原则，使设计与不同历史时期的建筑融为一体。

二期工程由华南理工大学何镜堂院士主持，于1997年12月竣工。二期工程展馆的整体设计形状为“和平之舟”，像是一座拔地而起的船头造型，从侧面看，又像一把被折断的军刀；从空中看，又是一个化剑为犁的立面。纪念馆前半部分寓意为“白骨为证、废墟为碑”，后半部分体现了“人类家园、走向和平”

的寓意。整个建筑设计构思可以用“死亡、和平”四个字来概括（见图4-1）。

图4-1　侵华日军南京大屠杀遇难同胞纪念馆二期全景

三期工程由何镜堂院士及中国建筑设计大师倪阳共同领衔的华南理工大学建筑设计研究院团队设计，沿着胜利广场的是围成了半圈的铁红色墙体，最顶端是一个类似“7”字形的标志物，这就是“胜利之墙”。胜利之墙就像一只抽象的凤凰，“7”字形的标志物是凤凰的头部，后面的墙体是身体和尾巴，象征着凤凰浴火重生，中国迎来抗战胜利。而铁红色也代表着八年抗战的血与火，抗战胜利是革命先烈用鲜血换来的。三期工程于2015年12月正式对外开放（见图4-2）。侵华日军南京大屠杀遇难同胞纪念馆由不同的建筑师设计，历时20年，但整个设计整体性强，成为遗址类纪念性建筑中不可多得的佳作。

图4-2　侵华日军南京大屠杀遇难同胞纪念馆三期全景

4.1.2 连续性原则

遗址类纪念性建筑的连续性设计原则是指：大多数遗址区域范围内，往往已形成了十分稳定的城市结构和社会网络，因此建筑创作中既要保持其历史价值的延续性，同时也应注意空间、结构、社会、生活、风俗习惯等方面的连续性，这对于形成有特色的方案具有重要意义。

首先，历史的发展未必都是连续的，但保持历史风貌的连续性是创造高质量环境的一个重要因素。历史环境的构成要素主要有历史建筑（传统建筑形式、风格、材料、地标等等）、空间组织（平面形式、路网结构、轮廓线、空间轴线关系、空间尺度等等）、社会方式、风土人情等等。历史环境的延续往往可以通过空间特征的继承和空间涵义的拓展两种方式来获得。其次，创作中应组织连续的空间去丰富人们的观感和创造新奇的景色，这样，能够满足人们的新奇感，也容易适应社会生活的复杂性。戈登·卡伦（Gordon Cullen）曾经提出过“系列景观”（Serial Vision）的概念，他认为，景观不是画框式的静态的，人们居住生活在其中获得的视觉感受是动态连续的。我们可以巧妙地处理各种因素来激发人们的感受。

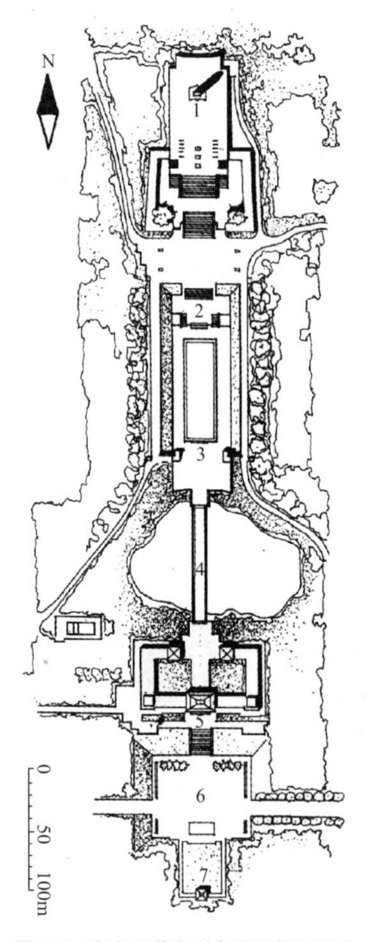

图 4-3 南京雨花台烈士陵园总平面图

南京雨花台烈士纪念馆、碑轴线群体的创作设计中，就成功地运用了连续性的设计原则。在整体布局上，利用山丘间的平地建成了忠魂广场，广场左侧的山丘上是忠魂亭，右侧为纪念馆。纪念馆后面依次是纪念桥、男女哀悼像、国歌碑、中央水池、国际歌碑，最后是最高点纪念碑。作者以博大的胸怀，将近 1000 米长的建筑轴线镶嵌在山头，整个建筑群错落有致、过渡自然、连续性强，给人一种非常大气的感觉（见图 4-3～图 4-8）。

图 4-4　南京雨花台烈士陵园忠魂亭

图 4-5　南京雨花台烈士纪念馆

图 4-6　南京雨花台国际歌碑

图 4-7　南京雨花台烈士纪念碑

图 4-8　南京雨花台男女哀悼像

4.1.3 召唤性原则

纪念性建筑要对纪念题材（历史上重大事件或重要人物）进行适当再现，同时，要将由史实引发的抽象的思想感情用生动的建筑语言表达出来。因此，纪念性建筑的创作实质是建筑师把纪念情感和审美生气灌注到所再现的建筑符号中，使之富有纪念的艺术性。建筑作品完成后，并不意味着“结束”，更重要的是通过观众的解读活动，使纪念潜能转化为现实。一般说来，纪念性建筑作品本身规定着观众解读的可能性和方向性，从作品角度看，这种可能性是对观众的一种召唤，召唤观众在其可能的思想范围内充分发挥再创造的才能，这就是纪念性建筑的“召唤性”。建筑师赋予纪念性建筑潜在的纪念艺术性，召唤观众参与解读，观众使之纪念潜能转化为现实，从这一角度而言，召唤性原则的确是至关重要的。

一般而言，“召唤性”体现在纪念性建筑作品从符号学到心理学的各个结构层次上，最终体现在这些层次结合成的整体结构上。①来自语言符号层的“召唤性”；②来自空间意义层的“召唤性”；③来自修辞格层的“召唤性”；④来自纪念意境层的“召唤性”；⑤来自思想感情层的“召唤性”。纪念性建筑作品的五个基本结构层次，召唤观众进行参与创造，赋予建筑以生命活力。

下面以安徽省合肥市的渡江战役纪念馆（见图 4-9）为例，来逐层分析其结构模式中具有的召唤性。渡江战役纪念馆位于合肥市滨湖新区的巢湖北岸，整个纪念园占地约 2.9 万平方米，建筑面积约 1.5 万平方米，其中纪念馆为园区的核心部分。渡江战役纪念馆是为纪念中国解放战争中跨江统一全中国的重要战役，该纪念馆以“渡江”“胜利”为主题，以一种崇高的人文精神和包容的态度，客观地追忆以往、回顾过去，启迪后人追求和平与进步。

(1) 来自语言符号层的“召唤性”

该纪念馆以“渡江”“胜利”为主题，以简约、象形的表现主义手法表达主题思想，犹如巨型战舰的整体布局，象征意味明显。巨大的馆身犹如两艘雄伟的战舰并排行驶在浩瀚的水面，向前直指南方的长江，前倾的三角形实体展现出一种势不可挡的力度与动感，营造出纪念性建筑特有的氛围［见图 4-9(a)、(b)］，建筑语言极其简练，建筑符号同纪念意义之间具有较强的联系。

(2) 来自空间意义层的“召唤性”

建筑符号往往存在意义上的间断，加上由它们进行空间组织所形成的场所本身又是抽象的，因此空间意义建构层更突出地表现了空白和不确定性。渡江

(a) 渡江战役纪念馆全景

(b) 渡江战役纪念馆主体

(c) 渡江战役纪念馆坐落在静静的水面上

图 4-9　渡江战役纪念馆

战役纪念馆主体坐落在巨大的水池之中［见图 4-9(c)］，在两块巨大三角实体中间空留出一条 6 米宽的“时空”隧道，将当今与历史贯通于一起，人们通过“渡”与“登”的行为动作体验与感受战争、胜利的隐喻。平静的水面、狭长的通道，拾级而上的台阶，无不塑造着空间、强化着观者的内心感受，人们心中被唤起一种历史的厚重和珍惜今天幸福生活的复杂情感。

(3) 来自“修辞格”层的“召唤性”

“修辞”就其本质而言也是语符与意义的分离、偏转，其特征是“放弃直接指示而设立中介，离开正常意义而转指它义，或将正常意义无限放大或缩小而变成超常意义，从而造成作品意义的不确定性和增加意义空白、增强作品的召唤性”。一般而言，纪念性建筑往往或纪念胜利的艰辛、或诉说战争的残酷、或构建战争给人类带来的深重灾难。无论是哪种表达，都会很容易使人联想起战争本身就是一场灾难，建筑语言的构建与建筑氛围的营造都来自“修辞”手法的运用。

(4) 来自纪念意境层的“召唤性”

意境层是“召唤性”体现得较集中的层次，纪念性建筑多以简洁洗练的手法，创造出一种沉重的悲凉气氛，勾勒出天地共存的深远意境。类似的优秀作品有很多，如侵华日军南京大屠杀遇难同胞纪念馆、联邦德国石油大王纪念苑、日本藤村纪念堂、意大利集中营牺牲者纪念碑，等等。它们是纪念建筑意境层具有强烈“召唤性”的有力证明，意境层的“召唤性”集中体现了纪念建筑呼唤观众的特征。

(5) 来自思想感情层的“召唤性”

同样是战争题材的纪念建筑，有的创造了虚无和沉重交织的悲凉气氛；有的则表现出革命先烈大无畏的英雄气概。透过截然不同的意境，人们可以感觉到建筑师所融注的不同的思想感情。由于思想感情隐藏在作品的最深层，观众可以感受得到，却看不见摸不着。从作品角度讲，它借助于建筑语符，通过建立朦胧的意境得以显露。从观者角度讲，纪念性建筑作品脱离建筑师到观众眼前时，这种意境就仅成为框架与提示，观者往往依据自己的阅历、经验、心境、情感，重建起新的意境。纪念性建筑的思想感情层的“召唤性”最强，它是基于观者情感体验的最强回馈。

总之，纪念性建筑的五个基本结构层次（三个符号学层次，两个心理学层次）都充满了不确定性与空白，以召唤观者进行参与创造，这就是纪念性建筑的“召唤性”以及人类最美好的情感共鸣。

4.2 设计手法

在遗址类纪念性建筑的设计过程中，模式与符号、象征与隐喻、约定与模糊、拓扑与重构四种设计手法经常被建筑师使用，如果运用恰当，常常可以起到画龙点睛的作用。接下来对具体手法进行探讨。

4.2.1 模式与符号

模式，即型制，是某种建筑形式历经千百年的演变发展而形成的固有特征。这种固有特征已为人们所熟悉，一旦某种新形式满足或部分满足这种特征，就能够为人们所认同、理解，从而从中产生联想。这种型制包括形式、比例、尺度、色彩等多方面的特征，是一个总体概念。符号，在这里的概念有别于符号学的概念，它相对于模式而言，是建筑的局部、片断，即某种形式的标志、记号，它包括数字、文字和图案等。这种符号的运用，在建筑中往往直接、醒目地提示出纪念主题。侵华日军南京大屠杀遇难同胞纪念馆的入口处，赫然刻着“遇难者 300 000”的中英文字体（见图 4-10），给人以强烈的震撼，简单、明确地揭示出纪念馆所要表达的含义。

图 4-10 侵华日军南京大屠杀遇难同胞纪念馆入口

4.2.2 象征与隐喻

遗址类纪念性建筑往往由于其独特的纪念主题与内容及特殊的环境条件，

“刺激”建筑师的创作欲望，使之创作出独一无二的作品来。为达到个性化的建筑形象，建筑师也往往综合地运用象征与隐喻等多种设计手法。人的大脑具有识别标记能力的第二信号系统，建筑形象也可以利用这一特点来启发人们的思维活动和想象力，这就是象征和隐喻的运用，即根据特定的纪念主题及内容，采用含蓄的方式来表达深刻的内涵，启发人们对主题的联想，达到对本质的理解。甲午海战馆的创作中，彭一刚先生采用穿插的体块象征“船”的形象来突出海战的特点，从而使之区别于一般的战争纪念馆，并利用破裂的手法隐喻战争的失败，渲染出悲壮的气氛。

4.2.3 约定与模糊

人们对于建筑的理解与反应是基于以往的记忆或习俗的直接感受而综合产生的，形式与观念之间本无必然的联系，而是历史进程中建立起来的社会约定。这种约定俗成保证了意义的传递与接受的一致性：一个普通的空间，出现红色“喜”字，预示吉庆的来临；一旦换成白色的花圈，就表示着不幸。建筑也可以依据这种约定来通过型体与图像达到对建筑深层次文化内涵的表达。侵华日军南京大屠杀遇难同胞纪念馆（见图 4-11）的主体建筑，处理成坟墓的形象就是依据这种“约定”来传达一种死亡的信息。

图 4-11　侵华日军南京大屠杀遇难同胞纪念馆

除“约定”之外，“模糊”也可以反映出对于深层次文化内涵的挖掘。“模糊之中有端倪可察，朦胧之时有联系可寻”，认识活动中，模糊现象、模糊判断、模糊推理都可以成为人们把握对象本质和规律的一条重要途径。淮安周恩来纪念馆的设计，并没有采用具体的象征手法，而是根据总理朴素清廉、方正平和的性格特点，将建筑处理的规整、简洁、通透，力图通过形式的模糊性，来达到人们的理解与联想，引发深层的追忆与纪念。

4.2.4 拓扑与重构

“拓扑”原为数学名词，是研究不变关系的变换以及位置和变形的数学分支。本意是表示在弯曲、扭转、扩大、收缩的表面事物之间的一种关系，基本观点认为：原有图形上的任何一点，将相应于由它所变换的图形上的一点，而且是唯一的点。

建筑中的拓扑变换体现为：在受地形、材料、技术等因素的限制时，建筑组群中的实体、空间、表面等构成要素的形式虽有所变换，但其间的相对关系在根本上依然保持不变。拓扑变换是一种很重要的设计手法，它使人们认识到事物之间的关系更为重要，从而为传统文化的表达找到了一种途径。天津南开大学东方艺术馆，为探索中国古文化的本源，以太极阴阳图为母题进行拓扑变换，两片弧面反转相交，既体现了东方艺术的魅力又为传统的继承开辟了一条新路。

“重构”意即破坏（打散、分散）原始系统之间或某一系统内原始形态之间的旧的构成关系，根据客观现实需要和创作者的主观意念在本系统内或系统之间进行重新组合，构成一种新的秩序。J·斯特林的斯图加特博物馆作为后现代主义的典范，运用重构手法将古典的圆厅、现代派的入口、高技派的构架，以及解构主义的曲面玻璃等多种符号重新装配在一起，以探求与环境的结合和对传统释义的新方法（见图4-12）。

图4-12 斯图加特博物馆

4.3 设计方式

4.3.1 嵌入式设计

遗址类纪念性建筑设计中的嵌入式设计是指现有遗址区域内历史遗迹众多；具有相当大比例的历史遗存，并形成一定的规模；具有较完整的景观风貌。这种情况下应以保护好遗址区域为主，新建的建筑只能在现有的遗址区域环境中插建，并且不能影响到整个遗址区域的保护，这是遗址保护中最常见的建设方式之一。

插入的新建筑，要以不破坏整个遗址区域的整体性和连续性为原则，新建筑的建筑轮廓、建筑高度、建筑细部质量和材料的使用等方面要注意避免与已有环境冲突，既要保护原有环境中的城市肌理与空间布局不被破坏，又要探索通过新建筑的设计来提高整个遗址区域的景观魅力。当然，也不必以求得和谐为目的而牺牲新建筑本应具有的时代性。

4.3.2 改造式设计

遗址类纪念性建筑设计中的改造式设计是指现有遗址区域内具有一定比例的历史遗存，但一部分遗存保护情况不完整，需要在保护的同时进行适当规模的改造。这种情况下，有可能新建筑的设计与遗址区的改造结合得相当紧密，这也是遗址保护中较常见的方式之一，它具有更大的灵活性。小规模的改造结合新建筑的优势还体现在处理遗址区域内复杂的社会、经济和环境条件以及资金筹措方面的灵活性，这种灵活性使其具有更强的针对性，同时也利于公众参与。

从可持续发展的角度看，小规模的改造式设计具有重要意义，大规模的建设在经济上的不稳定性、简单化、盲目性与可持续发展的思想相悖，而改造式设计则因其规模小而具有“人的尺度”，更容易与社会、经济、环境等因素协调，有利于整个遗址区域的可持续发展。

4.3.3 开发式设计

遗址类纪念性建筑的开发式设计是针对那些遗址区域内历史遗存保护得相当不完善的情况而言，在该种情况下，许多具有重大历史价值的遗址由于各种原因被破坏得较为严重，使以“保护”为主的意义降低，因此，需慎重地重新进行规划，整体性地把握整个遗址区域的建设情况。这种情况下，“保护”的成分相对减弱，“开发”的成分相对增强，是与嵌入式设计和改造式设计并存的一种常见的设计方式之一。

开发是实现更新保护的有效途径之一，因为它能够体现新的设计意图，保证整个区域的整体性，从而利于区域面貌统一。开发过程中，具体情况需具体分析，有的部分以保护整治为主；有的以修缮补充为主；有的则以更新为主。

通过以上分析我们可以发现，在遗址区域范围内的建筑设计，在很大程度上已经不单单是传统的单体建筑的设计方式了。设计需要与城市规划、风景园林设计紧密结合，不仅要研究建筑单体本身的功能、造型、风格等问题，还要从城市的角度出发，针对遗址的不同存留情况从更高层次上选择合适的设计方式，以确保创造出优秀的遗址类纪念性建筑。

4.4 主体内容

4.4.1 有意味的形式——形象设计

遗址类纪念性建筑的形象设计即我们通常所说的建筑造型，它是一幢建筑个性与内涵表现的主要方面。制约建筑造型的因素有很多，功能、结构、材料、技术等，都或多或少地影响着建筑的形象。本节首先讨论的是通过建筑形体的基本组合与变形规律，探索达到表现遗址类纪念性建筑深层次内涵的基本操作方法。

(1) 建筑几何体基本要素的表现

① 点　在空间中只表示一个位置，从原意上讲，无大小、方向、尺度等，但具体的点是有大小、形状、方向的。建筑上的雕塑、符号、小的窗洞及装饰都可以抽象为点，实际上它们都有各自的大小与形状，在外部形态中起着画龙点睛的作用。西汉南越王墓博物馆入口上方龙凤图案的馆徽源自出土文物，此处运用可看作是“点”的形式，通过这一独特的“点”，将历史文明带入现代。潘家峪惨案纪念馆的“耻”字窗作为纪念的室外入口处的对景，也可看作“点”的形式，其影子正好落在联系一、二层展厅之间的楼梯平台的墙面上，在室内形成的“耻”字光影再一次强调并突出了严肃的主题（见图4-13、图4-14）。

图 4-13　潘家峪惨案纪念馆（1）

图 4-14　潘家峪惨案纪念馆（2）

② 线　点在空间中移动的轨迹，具有方向性与长度，是一维的。线在建筑形态中的作用表现在连续、支撑、包围和交叉其他要素上，线可形成面、可表示体的轮廓、可限定空间。加拿大文明博物馆中，一组流动的曲线仿佛预示着原始生命的轨迹，给建筑带来无限的活力。而解构建筑师丹尼尔·里勃斯金德（Danie Libeskind）在建筑设计中更是将“线”运用到了极致，他的柏林犹太人博物馆“之”字形平面和纵贯其中的直线形“虚空”片断的对话，成为该建筑的主要特色，线性要素的倾斜、穿插与冲突手段的大量运用，产生了很好的空间与视觉效果（见图 4-15～图 4-17）。

图 4-15　柏林犹太人博物馆立面局部（1）

图 4-16　柏林犹太人博物馆立面局部（2）

图 4-17　柏林犹太人博物馆

③ 面　由线平移而得到的，从概念上讲是二维的，面在建筑形态中可围合空间。侵华日军南京大屠杀遇难同胞纪念馆采用两片斜墙隐喻“墓”的形

式，简洁、含蓄、有力，显示出“面”的魅力。

④ 体　由面围合而形成体，体是三维的，体在建筑形态构成中起着重要作用，体又可分为实体与虚体——空间。贝聿铭设计的康奈尔大学艺术馆（见图 4-18、图 4-19），巧妙地运用实与虚的穿插组合，使空间变幻丰富，反映出现代艺术品的立体美与雕塑美。

图 4-18　康奈尔大学艺术馆（1）

图 4-19　康奈尔大学艺术馆（2）

（2）几何单体

几何单体是建筑形态的基本形式，也是构成建筑整体形态的基本单位，复杂的建筑组合体多是由基本的建筑单体衍生出来的。

① 切削　从建筑原型整体上消减一部分，得出需要的形态，就是切削法。运用切削整体的方式可以打破原有几何形的单调感，使建筑形体富于变化，引起人们的注意。美国国立美术馆（见图 4-20～图 4-22），为突出现代派建筑艺

图 4-20　美国国立美术馆东馆（1）

图 4-21　美国国立美术馆东馆（2）

图 4-22　美国国立美术馆东馆室内

术性，采用切削法对建筑体块进行大胆处理，使型体丰富、变幻，极富雕塑感，给人留下深刻的印象。残缺也属于切削的一种，残缺的形体往往由于不完整而给人以破败、没落、哀伤的感觉。建筑师巧妙地利用这种手法能达到意想不到的动人效果。甲午海战以中国的惨败而告终，为突出这一悲剧特征，在海战馆的入口处采用了一艘残破、断裂、倾覆的船体形象，来表现沉重、压抑和悲壮的气氛。

② 添加　在基本单体的基础上增加一些型体，而不改变原有单体的基本性质，就是添加法。位于美国纽约州西拉克斯市的伊弗森美术馆（见图 4-23～图 4-25）就是采用添加的手法，在原来几何型体上进行悬挑，并形成韵律，使这个以收藏陶艺作品为主的美术馆成为一座造型别致的雕塑品。

③ 分裂　将组成原型的部件与部件之间或者原型与部件之间进行脱离，使它们各自独立地发挥作用，形成新的形象。分裂是在一个整体上进行的，分

图 4-23　伊弗森美术馆（1）

图 4-24　伊弗森美术馆（2）

图 4-25　伊弗森美术馆（3）

裂后的建筑形体是统一的。西汉南越王墓博物馆（见图 4-26）的立面，将整片厚重的古墙用一狭长的窄缝分裂为两个部分，窄缝处饰以玻璃，与石材形成强烈对比，既突出了入口，又丰富了立面层次，形成建筑特有的气质。

分裂往往由于对原型的打破而形成奇特的形象，给人以强烈的感觉。美国国立美术馆东馆（见图 4-27）的角部处理，采用了分裂的手法以突出三角形平面的特征，那直上云霄的“刀刃”，令多少人为之惊叹。

图 4-26 西汉南越王墓博物馆

图 4-27 美国国立美术馆东馆角部处理

④ 变形 建筑形体通过变化，在从一种形式过渡到另一种形式的过程中构成了新的形态，方形可以变成圆形，规则的几何形可以变为形状各异的曲线形。变形的手法往往能起到“升华”的作用。岭南画派纪念馆将建筑形体仿照植物形态进行变形，使其极富动感，在细部处理上也加以配合，采用铁花曲线等装饰，使整体浑然统一，体现出新艺术运动的魅力与特征。

⑤ 旋转 此种方式是基本形体按照某个特定的点或特定的轴线为中心进行螺旋运动，可以是水平方向的，也可以是三度方向的。三星堆遗址博物馆的设计，作者为表现巴蜀古文化浪漫、夸张的风格，运用螺旋体的造形，用自由自在的曲线形成勃勃向上的生气，使这一“堆”的形象得以升华。赖特设计的古根海姆博物馆（见图 4-28），那异乎寻常的曲线，第一次把空间变成可流动性的，奇特的造形与空间使这一作品名扬世界。

图 4-28 古根海姆博物馆

(3) 基本形体的组合

以上讨论的是几何单体怎样通过自身的各种变化来反映建筑的深层次内涵，然而建筑的整体形象往往是由几种基本形体组合而成，其中基本原型的性质、搭配关系、联结式样、空间存在形式等都是构成整体形态的重要因素，正是这种可变因素之间千差万别的关系构成了不可胜数的新形体。

① 线性组合　线性构成可以由改变一个形体的比例或者沿着一条线排列的形体而获得，它可以排成直线、曲线、折线，或围合或按垂直方向进行组合，线性构成作为一个完整的母体，沿着它的长度方向联系和组织子体。日本建筑师矶崎新（Arata Isozaki）设计的北九州博物馆（见图 4-29～图 4-31），以两条直线形体为骨干组织整个设计，两个巨大的方形筒体平行排列，构成整个形体的重心，其他部分均与这两个平行“方筒”相配合，给人留下深刻印象。

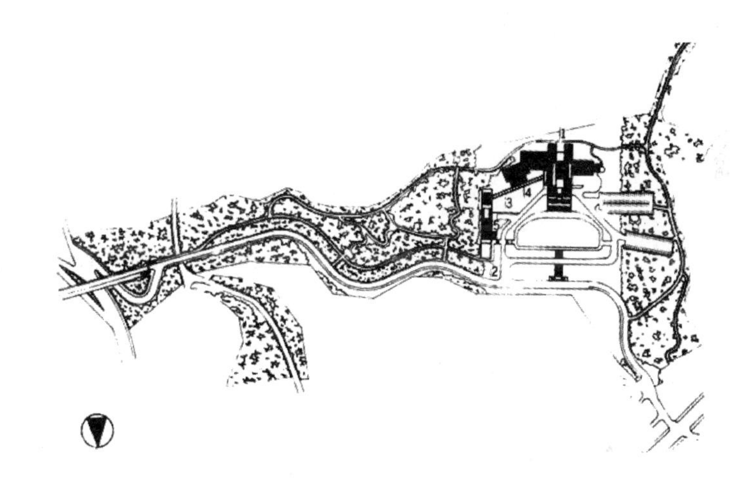

图 4-29　北九州博物馆总平面图

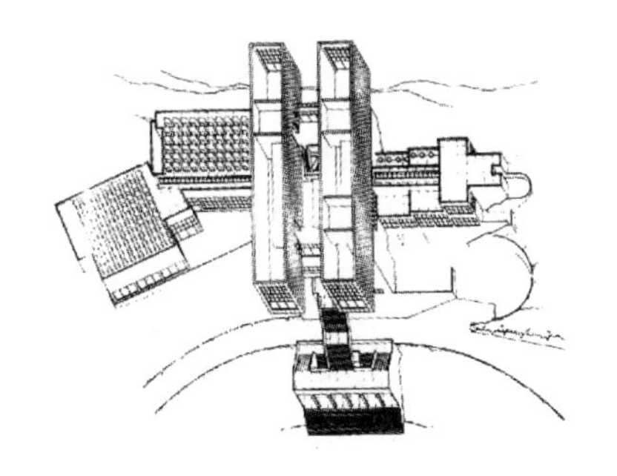

图 4-30　北九州博物馆轴侧图

图 4-31　北九州博物馆

② 放射性组合　放射性构成的特点是从一个中心出发，以放射的发散方式向外伸展。放射构成的一种特殊变化形式是风车式构成，在视觉上，风车式表现出围绕着它的中心空间旋转运动的趋势。美国伊弗森博物馆（见图 4-32、

图 4-33）就是这样的一种形体组合方式。

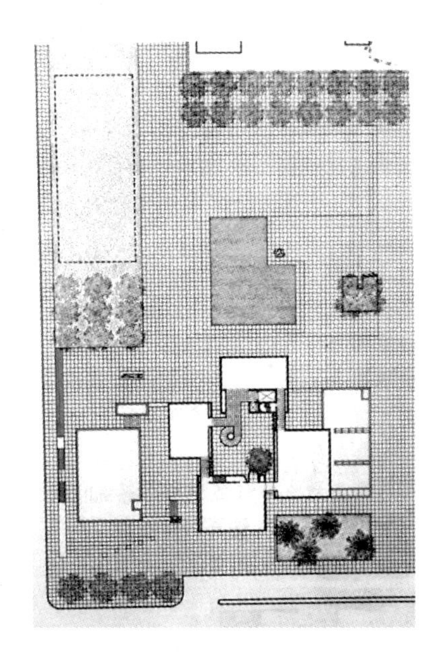

图 4-32 伊弗森博物馆总图

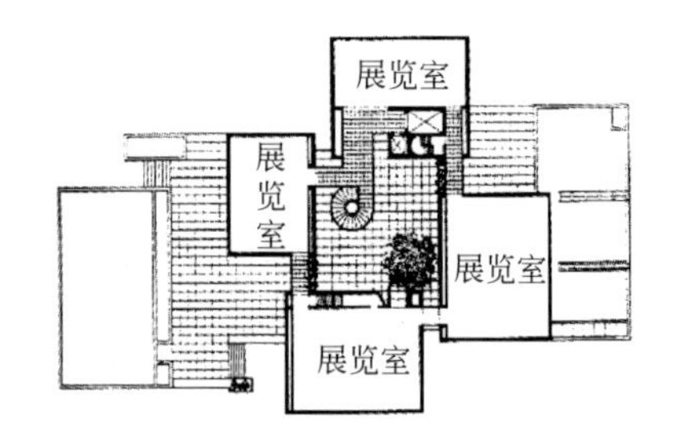

图 4-33 伊弗森博物馆平面图

③ 集中式组合 它是一种稳定的向心式构图，由一定数量的次要部分围绕一个大的占主导地位的中心体构成。次要部分的形状与尺寸可以完全相同，形成规则的、单轴或多轴对称的总体造形；也可以互不相同，以适应各自的功能、相对重要性或周围环境等方面的要求。在纪念性建筑中，常采用集中式的造型，以突出宏伟、庄严的气势，追求纪念性的艺术效果。

④ 母题式组合 组成建筑的每个部分的基本原型是相同或相似的，其变化方式是简单的重复，也可按某种规律进行排列。建筑师把载有文化信息并具有共同视觉规律特征的基本图形，用各种不同的材料，借助不同的构件，在不同的部位上重复出现，使众多同类的特征信息反复作用于人的感官，以此来加深人的印象。桂林博物馆就是把当地民居中的“挑柜”[1] 形式与中国传统园林的建筑式样相结合，构成新颖的母题，以此为基础进行组合，既适应了地形、环境又反映出地域上的特色。

---

[1] “挑柜”为广西少数民族地区壮族的传统民居中常见的形式，挑柜就是悬挑的碗柜，规格大致为凸出外墙 0.3 米，宽 0.8～1 米，高 1.6～2 米，内部等分为 3 或 4 格。挑柜既不占用地面空间，也不占用室内居住层空间，是壮族人们向山地条件争取空间并充分利用空间的巧妙之举。

⑤ 积聚式组合　由数个基本形体紧密地堆积在一起，不分层次，不分彼此，形成一簇或一串式的形体。在这种构成组合中，既可以是相同的形体组合，也可以是形状不同的形体组合。著名建筑师莫瑟·萨夫迪（Moshe Safdie）在加拿大国立美术馆的设计中，用积聚的手法在入口处设计了一座八角形玻璃塔，与对面哥特式的多边形建筑相呼应，取得了与周围环境的协调。

⑥ 穿插式组合　它是指不同的建筑形体互相碰撞、插接的一种组合方式，常给人以随机、混乱的感觉。有些纪念性建筑正利用了这一点达到特殊的艺术效果。甲午海战馆的设计，建筑师用象征船体的建筑体块相互穿插组合，以无序、混乱的方式隐喻海战中战舰的冲撞。

以上内容讨论了建筑形体的一些基本组合与变形规律，这些规律对于遗址类纪念性建筑的造型设计具有基础的理论指导作用，恰当加以运用，可以创造出有意味的形式。

4.4.2 有韵味的氛围——空间设计

(1) 外部空间模式

纪念性建筑群体在某个区域范围中，是一种相对独立存在的空间体系，其纪念性的空间氛围应该成为这一区域中的主导，其外部空间模式有单一型纪念空间和复合型纪念空间两种类型。

① 单一型纪念空间　人们最初想象到的纪念性，就是比其他形象更鲜明地独立存在的实体，如印第安人的图腾柱，埃及的方尖碑、金字塔，这些实体采用垂直的要素并与包围它的空间形成单一型的纪念空间。实体形象与该形象的背景空间之间没有渗透作用，二者的形象共同取得均衡和美观时，其纪念性越发成为唯一的目的。如果有扰乱背景空间的其他形象在其附近出现，二者的均衡就会遭到破坏，纪念性大为削弱。单一型纪念空间的特点是朴素、简明，不渗透性，非人性化（令人产生敬畏之情）（见图4-34）。空间的实体是单一化的，如一座纪念碑、一座雕像，或一幢单体建筑。日本安徒生纪念馆平面布置为正方形，有四个入口通向各处不同的方向，隐映在绿树怀抱之中，建筑的造型与环境取得了一致性，突出了纪念馆在该区域中的统治地位。

② 复合型纪念空间　多数的纪念性建筑属群体组合的复合型纪念空间形式，由两个或以上的单一纪念形象综合而成，并共同作用于该环境所体现出来的纪念性氛围之中。并且围绕纪念馆主体，表现了纪念的层次性，这是单一型纪念空间不具备的特征。复合型的纪念空间具有明暗变化、渗透性和人性，同

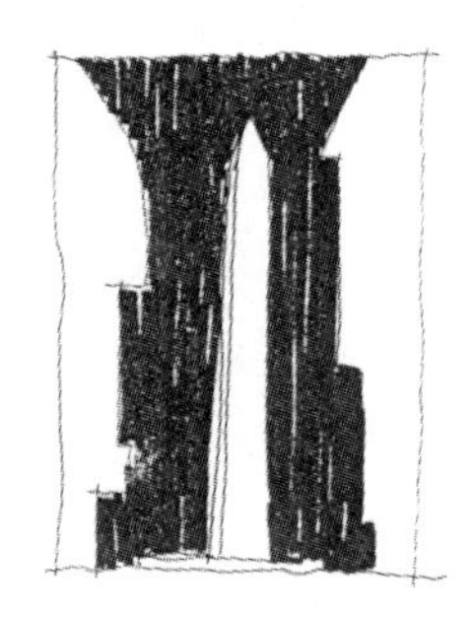

图 4-34 单一型纪念空间

时在复合型纪念空间中同样需要寻求单体之间的均衡与美观，空间的序列、层次转换是在有序的组织下展开的。南京雨花台烈士陵园纪念馆，建立在一片自然山丘群上，利用不等高的地势将自然与人工相结合，并通过广场——纪念馆——内庭院——纪念桥——哀悼像——国歌碑——水池——纪念碑广场——纪念碑这一系列建筑与空间的组合，由起始到过渡，最后以高大的纪念碑作为中轴线的结束，使纪念意境得到升华。

(2) 外部空间形态内涵及生成机制

外部空间的两种基本模式构成了外部空间形态及其内涵，是反映在空间形态这个概念中的本质属性的总和。从人对空间环境的审美关系出发，将其归纳为三个方面。

① 纪念场所　场所是指有人活动的空间加时间的有限部分。心理学研究表面，活动是由人的行为动机所引发且具有明确的目的。没有场所，人不能活动；无人活动的场所，也就无所谓视觉形态。纪念性建筑的空间就是纪念性活动的场所，确立场所的标志是“中心”的形成，即从无中心向有中心发展，从多中心向单一中心汇集。纪念环境中，纪念性建筑或广场中心的纪念碑本身往往构成场所的中心，周围的空间亦变成一个纪念性环境，从属于主体建筑而带有纪念的氛围。

② 纪念氛围　由建筑及其围合空间形成的环境刺激产生的场所氛围、情感，是有组织的场所群所具备的。人与环境的互助作用，能使人感受到某种特殊的气息。形成纪念性氛围的基本手法在于对空间的分隔、联系和组合。如拉美纪念馆（见图 4-35）广场上的“手”的造型，形成一个中心化的纪念场所，“手掌”上拉美地图形的血迹从掌中注入地下，使人产生联想，并明显地感受到纪念的气氛。

③ 纪念层次　人从外部环境进入到纪念氛围之中，心理上变化的过程、情感的积累往往是伴随着空间层次的展开。纪念性建筑外部空间的纪念层次基本上表现为入口（起始）——中间（过渡）——主体（高潮）三个渐变的层次，因此要求设计中要运用动态的思维来进行景观的组织。例如苏联布列斯特英雄要塞纪念碑，它的主要入口门楼敦实厚重得像一座城堡，别开生面的是其中央开凿了一个五角星形的洞口，于是就形成了极为强烈的虚实对比。而透过门洞则可以把人的视线引导至主碑和雕像，既丰富了空间序列的纪念层次变化，又使主体的碑、像更加突出（见图4-36）。

图4-35　拉美纪念馆

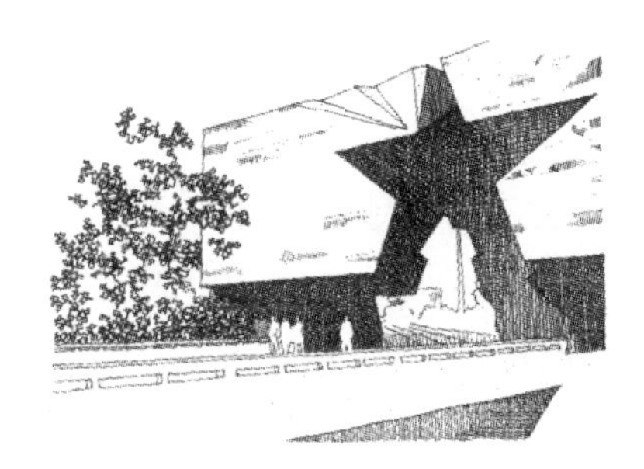

图4-36　苏联布列斯特英雄要塞纪念碑

(3) 纪念空间的境界

境界是中国传统美学的重要范畴，是历史散文、诗词、金石、书画、音乐、舞蹈、戏剧、园林、山水胜景构思的精髓。近代学者王国维的《人间词话》在境界研究方面有较大的影响，他认为“能写景物真感情者，谓之有境界”，这里的“真”，即精华、本质、特征。

人们在纪念环境中的思维、想象和情感活动是对直接获得的环境信息进行分析、评价和思索的过程。人们对纪念性环境氛围的感受程度是逐步提高的，从简单色调至复杂色调；从对色调的注意转向造型的注意；从对构图的推敲转化为对质地、雕塑感、力度、光影的探索；从对形体的知觉上升到对空间的实体组合的知觉；随着思维的深化，人们把纪念空间解析为特定法式的组合，并对组合形式的认识深化转为对组合特征的认识。

人们在纪念馆建筑环境中感受到的空间境界与一定文化范畴相联系的环境特征，其高下决定于所获得的外部特征本身的深度及其在相应文化范畴中所处地位的高下。纪念馆外部空间设计根据特定环境条件和一定文化范畴的知识所设想的空间境界，通过对外部空间环境中诸因素特征的塑造和组合为目的的环境设计来实现。

纪念馆建筑外部空间环境的构成元素主要是：纪念性广场、纪念碑或纪念性雕塑（圆雕、浮雕）、纪念柱、纪念塔以及绿化、水面、纪念馆外部造型形态、纪念空间的组织——轴线、序列。纪念建筑群的主体是纪念馆，其他外部环境的构成元素对纪念馆主体及整个纪念组群的空间氛围的塑造，起到重要的辅助作用。室外环境构成元素的排列组织定下空间纪念氛围的基调，室内空间的设计及展品的陈列展示，是对外部纪念活动的延伸和继续。因此，研究室外环境构成因素的特性及诸因素之间的特定联系，对制造富有表现力的纪念馆外部空间环境、秩序有着重要意义。

(4) 空间的布局形态

纪念性建筑外部空间氛围的营造是对室外空间环境要素进行有机地组织，遵循形式美的原则通过建筑——这一非言语的表达形式加以体现，空间层次的深化和人的心理活动的净化为环境氛围的营造提供了客观条件。综合国内外纪念性建筑的组合形态，将纪念性建筑空间布局形态归纳为以下三种形式：轴线式、中心式、自由式。

① 轴线式　一般而言，纪念性建筑主体位于基地终端，亦是轴线的尽端；而以轴线控制纪念性场所氛围的布局方式，是纪念性建筑中最常用的布局形态之一。此种布局形式由纪念路线起点——过程——终点（高潮），空间纵向层次多、秩序感强烈，以尽端为中心，配以纵向对称、非对称排比布局，使空间展开，逐渐诱导人们的心理活动向纪念性高潮过渡，是复合型空间模式的表现形态。

轴线式总体布局手法的纪念性意义在于其带有一定的强制性，只能将设计者所规定的程序作为唯一的选择，来达到预定的纪念效果。中国古代的帝王陵墓建筑就是典型的轴线布局，现代纪念性建筑中也多有采用。

南京中心陵（见图 4-37）总平面分墓道和陵墓两部分，总体布局吸取了中国古代陵墓的布局特点。陵墓前为广场，北面立一座石牌坊，自牌坊入内为长 435 米，宽 39 米的墓道，幕道的尽头为陵门，陵门后为碑亭，碑亭后为八段 200 级的石阶，经石阶上到祭堂前平台，平台正中为重檐歇山顶、蓝色琉璃瓦的祭堂。长达数百米的墓道、石阶，参观者步步登高，生理上的疲劳和心理上的渴望，使观者抵达凭吊大殿时，几经感情的“净化”，产生一种肃穆、拜谒的情绪。沈阳辽沈战役纪念馆、雨花台烈士陵园纪念馆、盐城新四军重建军部纪念馆规划设计中均采用轴线形式，经过一系列的精心安排，利用空间层次的变化，逐渐加强纪念性氛围。

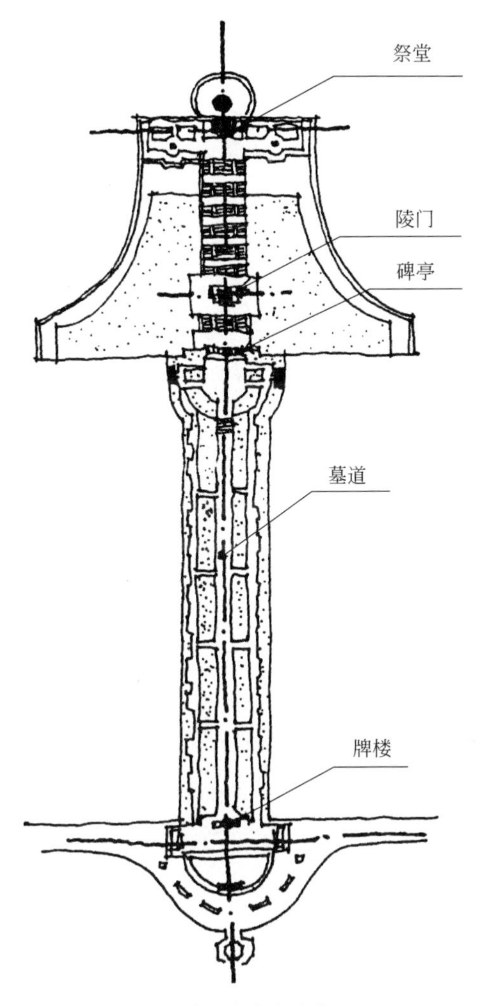

图 4-37　南京中山陵总平面

② 中心式　一种开放形式的空间布局形式，建筑主体位于数条轴线的汇集中心，成为环境中的视觉焦点。此种布局形式中建筑主体前后、左、右空间具有统一性，并且主次分明，与外部环境构成多向联系，具有强烈的开放性。建筑主体在心理上取得了纪念的主核心地位，并且通过序列、对比等处理手法，使来自各个方向的空间汇聚成纪念性高潮。

东京工业大学百年纪念馆、白濑南极探险队纪念馆、日本安徒生纪念馆等建筑，均为此种中心式布局形式。表现为单一纪念空间形态；建筑外部空间缺少过渡层次；建筑成为“纪念碑”式建筑，成为环境场所的主导；同时建筑造型的表意性更为突出。

③ 自由式　此种布局方式空间的开敞与封闭经多层次转换，空间变化及过渡层次丰富、自由灵活，没有明确的主轴线，围绕一个或多个核心，与环境的结合更为紧密。在自由式布局中，开放空间与封闭空间、室内空间与室外空间相互渗透交织，达到布局取势、组合求韵、疏密有致、虚实相衬的效果，可谓随形附势，情随景移。

南京大屠杀遇难同胞纪念馆突破了纪念性建筑常见的雄伟对称、步步升高的布局方式，围绕屠场全景，以低平简洁的建筑形象创造了深沉庄重的环境气氛，做到了“情动于中而形于外”。陶行知纪念馆平面呈L形，空间布局自由，利用内院、天井、绿化廊等形式组织空间，在有限的空间范围内，拉长参观流线，给参观者以必要的心理感受过程；部分建筑围绕水面分散布置，借鉴江南园林的一系列处理手法，表现了空间起伏有序、富于变化的特点，整个建筑成为统一整体，与周围民居相互协调。

4.4.3 有品位的境界——环境设计

环境是人类赖以生存与发展的首要条件，建筑与环境协调，是建筑创作中心须要遵循的原则。因为建筑与环境是相互关联、相互依存的连续系统，建筑设计中不应只考虑建筑本身的功能要求，更要全面地对待建筑与环境之间千丝万缕的联系，但要真正做到这一点，就要认真地探索两者之间的作用机制。

(1) 建筑适应环境

有些地区自然环境特别优美，已形成了独特的个性，具有强大的“场力”，是大自然赠与人类的瑰宝，对于在该类地区中的设计，应以尊重环境为原则，即“建筑适应环境”。这种方式是通过自觉的努力去适应客观环境的要求，把建筑空间与形态融入、参与、渗透到环境中去，而不与之冲突、对立。此时在环境中建筑处于“配角”地位，保持原有环境的自然形态，使建筑与环境和谐、互依。弗兰克·劳埃德·赖特（Frank Lloyd Wright）的“流水别墅”（见图4-38）就是建筑与环境和谐互依的经典之作。在城市环境中也存在着建筑去适应环境的问题，一般情况下，当周围环境中原有建筑形态已经完整，并且意义特别重大时，应采用“避”的手法与之适应。巴黎卢浮宫（见图4-39）的扩建即是解决这一问题的典范。

图 4-38　流水别墅

图 4-39　巴黎卢浮宫扩建工程

(2) 建筑利用环境

利用现有环境中的有利因素，来达到突出个性的目的。自然是一切艺术的源泉，具有无限的生命力。法国著名的雕塑大师罗丹曾说过："对于自然，你们要绝对信仰，你们要相信自然是绝对不会丑恶的。"巧妙地利用自然，往往能唤起某种情感并使之无限延伸，达到意想不到的艺术效果。甲午海战馆（见图 4-40）筹建时，原定基地在刘公岛腹地，四周不邻海。彭一刚先生接手设计后上岛考察，认为原址不理想，难以表现出海战的特点，遂要求在邻海处重新选址，最后确定在邻海的一块凸地上建造此馆。利用大海的奔腾气势与雄奇的礁石，烘托出海战应有的悲壮气氛。从建成的效果看，环境利用得十分成功。

(3) 建筑塑造环境

当外界环境特点不突出，难以达到理想的效果时，采用人为的手段对现有

图 4-40　甲午海战馆

环境进行改造或重新设计，即是塑造环境。侵华日军南京大屠杀遇难同胞纪念馆是这方面的成功例证。为突出大屠杀的悲惨气氛，作者对庭院作了精心的设计。院子里寸草不生，满铺的鹅卵石使人想起累累的白骨，斜放的枯枝与光秃的石碑，仿佛空气中弥漫着死亡，再加上反映遇难军民惨状的浮雕，把悲伤的气氛渲染到了极点，有力地为以后的展览作了铺垫。

(4) 建筑保护环境

保护环境主要是针对遗址集中的区域而言的，指保护出土文物或残留遗址的原始环境，避免由于建设而遭到人为破坏。西汉南越王墓博物馆在这方面的处理手法十分成功：首先，设计者对原有基地环境作了最大限度的保护，其中包括：墓坑、古树、巨石等，都加以谨慎处理，体现出对环境文化的深刻理解。其次，在墓坑上用一个覆斗形金属玻璃罩加以覆盖，其色彩与质感与遗址有明显区别，既符合《威尼斯宪章》对文化古迹保护的要求，又体现出对中国古代陵墓的象征含义。再次，对原始环境的保护与展览相结合，巧妙地把墓坑等遗址作为展品的一部分组织到展线之中，自然而流畅，反映出独特的匠心（见图 4-41）。建筑大师贝聿铭也特别注重对遗迹的保护，在卢浮宫扩建工程中偶然挖掘出 12 世纪的石城堡基础，他仔细地将其保存下来，并使之成为卢浮

图 4-41　西汉南越王墓博物馆

宫新的展品之一，人们可在经过特殊灯光设计的环境中，一睹八百年前厚重的城堡建筑，与轻巧、现代的玻璃金字塔两相对照，更能体验古今建筑的不同美感。

总之，人类已经清楚地认识到建筑与环境之间互相依存的关系，在进行建筑创作中要充分考虑到对环境的影响，否则，受损的不仅仅是环境也有建筑本身，建筑与环境的共生性正是两者的作用机制。

为创造出有品位的环境，建筑师往往充分利用外部环境构成要素：纪念性广场、纪念碑或纪念性雕塑、绿化、水景。这些要素的利用，往往可以为环境增色，创造出有品位的境界。

(1) 纪念性广场

纪念性建筑外部环境构成要素之一的纪念性广场，是作为群众集会活动以及疏散停车的场所，它的设置对于增加外部空间的深度感、丰富序列层次以及参观者纪念情感的酝酿，起到积极的作用。此外，纪念性广场也是纪念碑或纪念性雕塑、绿化、水景的立足之地，并形成视觉交汇的中心。

纪念性广场多呈开放状态，是核心型广场和轴心型广场的综合形式。在自由式布局的纪念馆群体中，广场有时也会偏离主轴线。纪念性广场的平面形态应结合周围地形来设计，规则的基地就以长方形或细长型广场为主；放射状的中心广场以六角形或圆形较佳；不规则的场地则以不规则广场为佳。

(2) 纪念碑

纪念碑这种纪念形式，在纪念性建筑外部空间环境中，以纪念性建筑和空间环境为背景，以各自所具有的纪念表现力充实纪念性建筑的形象，丰富外部空间景观层次。它们作为纪念性建筑外部环境的一部分，从属于主体建筑，是对主体建筑的补充和完善。其位置通常处于入口、道路和广场等处，并以其富于表现力的情感形象、生动的造型语言向人们的内心世界传达纪念性的意义。

纪念碑古已有之，中国古代的碑、碣的历史至少有两千年了。碑的形式也有一个固定的格式；源于古埃及的方尖碑也一直流传了几个世纪，直到近代，还用于纪念美国的开国元勋华盛顿总统（见图 4-42）。但由于碑的型制过于程式化，虽然崇高，却不能区分这种与那种崇高之间的差别，缺乏个性的表现力。现代的建筑师不甘心于借用历史上现成的样式，力求根据纪念对象的特点来创造与之相应的纪念碑的形式，摆脱传统观念的羁绊，寻求其他形式来表现纪念性的意义。从天安门广场的人民英雄纪念碑（见图4-43、图4-44），到雨花台的纪念碑，从形式上看仍未摆脱传统的历史式样，碑体的象征意义仍停留在程式化的阶段。当然庄严的形式可以有效地表现庄严的主题，但也并不是唯一表现方法。美国拉什莫尔国家纪念碑的设计利用高耸的山峰独特的形状和起伏变化，把美国历史上最杰出的四位总统的头像巧妙地“嵌”于岩石之中，相互穿插呼应，加之其巨大的尺度、磅礴的气势，融人工雕刻于自然环境之中，成功地表达了主题，体现了“纪念碑”式的崇高与伟大（见图4-45）。

图4-42 华盛顿纪念碑

图4-43 人民英雄纪念碑（1）

图4-44 人民英雄纪念碑（2）

(3) 纪念性雕塑

纪念性雕塑和纪念碑同样在纪念性建筑外部环境中作为建筑的辅助部分，

图 4-45　美国拉什莫尔国家纪念碑

纪念性雕塑和建筑主体造型相结合，以其自身特有的表现力，作为描绘纪念主题的手段，发挥着重要作用。在环境中，纪念性雕塑的主题构思、表现手法均需取得与主体的协调统一，并不能喧宾夺主。

雕塑有圆雕、浮雕之分。

圆雕在我国已有一千五百多年的历史，古代陵墓墓道两旁的石兽、石人等雕刻，重在显示帝王威信，并用以驱除妖孽，象征吉祥。现代意义上的纪念性雕塑其实质来源于此，共同为表达纪念主题服务。处于大尺度环境中的雕塑，其轮廓形象应成为表达纪念的主要方式，而细部刻画则不必过细，主要强调形体的力感、动势，而小尺度环境中则应以塑造较小幅度的动作和加强细部刻画为主。

浮雕一般用以充实建筑细部刻画，不致使建筑主体内容贫乏，具有美化、装饰环境的实用功能。浮雕的比例不宜超过真人尺度，设置的位置应不低于视平线，略带仰度，避免视线的遮拦，下面重要部位的浮雕应加以重点制作，背面次要部位的则可装饰为着眼点。浮雕画面应虚实相补、对比统一，与整体相配合，以使一气呵成，不致散乱。如侵华日军南京大屠杀遇难同胞纪念馆的浮雕附着于断垣残壁似的围墙之上，再现了当年集体枪杀、砍头、活埋等幕幕惨剧，使人悲愤之情更加深化。唐山抗震纪念建筑群的浮雕再现了当年地震给人民带来的巨大灾难，突出了纪念的主题思想性。

(4) 绿化

绿化在纪念性建筑外部环境的组织中具有特殊的价值，从视觉上来说，可以成为外部空间环境范域的界定，也可以带来休息和安静之息。从色彩学上来说，天空的蓝色和树木的绿色都是镇静色，可以使人心情平静得到休息。对环境来讲，绿化具有生态、卫生、调节微气候以及观赏的作用，可以结合纪念性环境，赋以绿化纪念的象征意义。

① 象征的意义　对绿化的适当处理可以创造出特定的纪念性形象、气氛和意境。南京中山陵以松柏林海使人产生进入圣地之感，自下而上的石阶两旁，则以严谨的塔柏来加强庄重的气氛；辽沈战役纪念馆周围漫山遍野的青松翠柏烘托出英灵万古的主题；而侵华日军南京大屠杀遇难同胞纪念馆上大片象征着死亡的卵石场与周边的一线青青草皮表达出生与死的鲜明对比，结合枝木、散石、残壁烘托出悲剧性的纪念气氛。

② 空间的组织　绿化还可以起到组织空间的作用。低矮的树木，使空间具有宽敞的自由感，其方向性较弱；成排种植使空间产生压缩感，视线收敛，方向性强烈，成为室外的一种界面。宽而短地种植产生接近感；窄而长地种植则产生深度感。规则布置绿化，可以取得庄严肃穆的纪念性效果；不规则布置或自由地布置绿化可以更为紧密地结合环境，制造出亲切、感人的纪念意境。日本藤村纪念馆采用自由式布置，在庭院中栽有竹林、枫树、枣树、柿、桃、梅等植物，把观者带入藤村作品中所描绘的意境中，与纪念馆组合，匠心独具地表达了纪念对象的特征。

(5) 水景

水是生命的源泉，对建筑设计而言，寒冷地区要慎用水景；但在气候温暖的地方，水景的运用可以使空间环境显得格外深邃。淮安周恩来纪念馆、美国亚利桑那号纪念馆（见图4-46、图4-47）以及诺沃罗斯克纪念建筑群中，纪念馆与水体的结合增添了纪念的内涵，同时，在视觉上保持了空间的联系，又能划定空间与空间的界限。水面的倒影与建筑往往浑然一体，纪念内涵得以深化，特别是夜间照明的倒影，使空间倍加开阔。

图4-46　美国亚利桑那号纪念馆（1）

图 4-47　美国亚利桑那号纪念馆（2）

以上介绍的环境构成要素的精心运用，往往可以形成独具特色的有品味的纪念境界，使纪念性建筑内涵得以升华。

4.5　拓展内容

前文中，我们从遗址类纪念性建筑的形象设计、空间设计、环境设计三方面内容进行了详尽阐述，并指出遗址类纪念性建筑应力求创造出有意味的形式、有韵味的氛围及有品位的境界。当然我们从环境、造型、空间等角度论述设计的主体内容时，不应忽略还有一些重要的拓展内容也对设计的成败产生至关重要的影响，如内在秩序、建筑细部、材料质感、声光环境等，本节将就这几方面内容进行阐述。

4.5.1　内在秩序设计

建筑内在秩序的设计是表现建筑深层次内涵的重要方面，属于抽象表达方式。内在秩序即建筑的内在规定性，本节将从建筑平面布局和流线组织两方面展开论述。

(1) 平面布局

使用功能是影响建筑平面组成的主要因素，建筑是为人服务的，适用是首先应该满足的基本要求。随着建筑材料的更新和技术的进步，许多功能技术上的问题迎刃而解，满足同一使用功能的选择越来越多。物质条件的改善也使人们对精神的需求居于主导地位，建筑师的注意力逐渐转向对深层次文化内涵的探索的表达，尤其是具有重大历史纪念意义的纪念性建筑，其平面布局和各部分的组合关系往往渗透着建筑师对文化和历史的继承和理解，建筑的“意义”代替了功能而成为平面组合关系的重心。

(2) 流线组织

与其他公共建筑一样，遗址类纪念性建筑也需要解决参观流线、工作人员流线及展品流线的疏导问题。其中参观流线的组织是建筑师引导观众直接感受建筑所要表达的主题思想和特定内涵的过程，因此流线组织要求结构合理、脉络清晰并留有足够的回旋余地。另外要创造使各阶层观众都易于理解的精神氛围，通过空间的收效、直曲、高低、明暗的变化，使观众在接触展品之前就形成一定的心理印象，将空间、展品和观众的心理情绪统一起来，达到最佳观感效果。同时，由于人们在短时间的参观过程中集中接受大量信息，流线组织还应注意通过空间变幻调节视觉和心理的疲劳，不断给人以新鲜感，克服“疲劳感”对参观效果的影响。

4.5.2 建筑细部设计

建筑细部包括室外小品、浮雕、图案纹样、线角等，与建筑整体统一处理可以起到丰富建筑形态、加深文化内涵的作用。细部处理应根据与视点的远近调节尺度，近处应精雕细刻，给人以丰富细腻的感觉，而离视线较远的地方可作简化处理。毛主席纪念堂采用由美工人员精心设计的万年青、松枝、向日葵、梅花等装饰纹样，使纪念堂更加壮丽；但有些复杂的图案线角离地面过高，没有起到应有的装饰效果。建筑墙面上的浮雕应以简洁大方为宜，内涵应清晰明确，线条应轮廓明快、刚劲有力，以写意为主，不宜描绘性太强，力求与建筑风格协调一致。

4.5.3 材料质感设计

材料的质感对于纪念性建筑有着特殊效果，质感是一个特殊的审美因素，是指所有材料质感的面貌在人的感官和情感方面引起的作用和意义。材料的永恒性和地方色彩本身就具有纪念性，因此在纪念性建筑的设计中，建筑师往往利用某种材料的特殊形态和品质增强建筑的特定内涵。

传统的纪念性建筑多采用石材，由于其本身坚固、耐久的特性以及它所引起的稳定、雄伟，使石材产生了与永恒纪念性之间的联系，但各种石材的“表情”也有明显或微妙的差别。例如，花岗岩具有庄严、雄浑、有力的特点；大理石则质地光滑细腻，色彩丰富多样，具有纯洁、雅致的装饰效果。

辽沈战役纪念馆建筑立面上的实体部分全部采用粗糙的花岗石板，与古铜色的铝合金门窗和内白色外茶色的中空玻璃相配合，使建筑显得浑厚有力、庄严大方。

水泥是另一种具有粗犷质感的常用材料，对水泥表面进行不同处理，如拉毛、水磨、分格、斩切或加入不同颜色，可以得到丰富的视觉效果。砖则为最古老的建筑材料之一，由于抗磨蚀性和装饰效果较差，在纪念性建筑中较少选用，但如果在一定条件下运用得当，也可以取得质朴、淡雅的特殊效果。敦煌遗址纪念馆（见图4-48）利用一片长条形的龙色砖墙作为入口处的引导，在辽阔的沙漠的衬托下，体现了大漠孤城的神韵和质朴孤寂的美感。

图4-48 敦煌遗址纪念馆

金属材料中铸铁、铸铜、不锈钢等均因其具有永恒性而成为纪念性建筑、纪念性雕塑常采用的材料。

木材在我国和日本等地常作为纪念性建筑的材料，尤其日本，采用砖木结构来实现民族和地方风格。

琉璃是我国传统的建筑装饰材料，色彩鲜明，装饰效果强。南京中山陵纪念堂的深蓝色琉璃瓦在蓝天绿树的映衬下，显得十分庄严肃穆；而炎黄艺术馆的绛紫色琉璃瓦顶为建筑整体带来了冷静、凝重的历史感。

4.5.4 光色环境设计

光对纪念性建筑内涵的发现具有举足轻重的作用。许多著名的建筑师将光作为一种建筑材料看待，通过对光的灵活运用渲染出不同的环境气氛。光按其来源可分为自然光和人工光两类。

（1）自然光

自然光具有色彩还原真实、照度大并随早晚、阴晴和四季的变化而变化等特点。而且从心理学角度看，日光比人工照明具有更多的令人愉快的因素。路易斯·康（Louis I. Kahn）将自然光看作是唯一的光，“因为它有情调”“自然光是唯一能够形成建筑艺术的光源，它提供了我们共识的基础，它使我们能接触到永恒。”大多数依靠自然采光的展室采用顶光的形式。适当的光照强度和角度可以使展品达到最佳的展示效果，建筑师为了获得均匀柔和的自然光照进行了各种探索。

（2）人工光

以人工的方式获得光源。包括室外和室内照明两部分。室外照明除应满足功能需要外，还应注意利用光线的色彩、强度和角度等来强化博物馆建筑的性格特征。室内照明应具有足够的强度，集中光源和漫射光源相互配合。灯具的造型也应与立面形式相配合，宜简洁、轮廓清晰，不宜繁琐。

色彩在纪念馆建筑的象征性中具有颇为活跃的表现力。建筑材料本身所具有的色彩，或人工附着于建筑物的色彩，除直接给人以美感外，还具有一定的象征涵义。

红色——象征热烈、革命、庄严；

黄色——象征华贵、明朗、欢愉；

蓝色——象征幽深、沉静；

白色——象征坦荡、单纯；

黑色——象征凝重、死寂；

紫色——象征丰富、神秘；

灰色——象征平和、质朴。

不同的色彩给人的心理感受是有差异的。冷色调的建筑色彩使人似感凉爽，心理趋平静；暖色调的建筑色彩令人似感温暖，心理趋向兴奋，色调的冷暖感造成人们心理距离上的亲疏感。纪念馆建筑的色彩不能只从追求色彩的象征性出发，而应该和色彩的形象效果与协调建筑特征、心理反应等方面加以统筹考虑。

4.6 本章小结

本章是本书的核心章节，提出了遗址类纪念性建筑的“整体设计”的创作方法，并以大量篇幅完整、系统地阐述了设计原则、设计方式、设计方法、设计内容及拓展内容，为遗址类纪念性建筑的创作开辟了更为广阔的设计视野，也为该项理论的匮乏做出了有力的理论探索，力求找到设计良策。由此可见，本章内容针对性强，是指导该类型建筑设计的重要理论支撑。

第 5 章
CHAPTER 5

遗址类纪念性建筑创作实践

5.1 “七三一遗址”理论研究

5.1.1 历史沿革

(1)“七三一遗址”地理位置

“七三一遗址”位于哈尔滨市区以南20公里处的平房区北部，其地理坐标为（45°35′N，126°40′E），系松花江南部的微丘陵地带，最高海拔为180米。具体位于平房区兴建、友协、新疆、新伟四个街道办事处管辖区内，方圆6.1平方公里（见图5-1）。此外，城子沟野外实验场位于七三一本部南4公里的平新镇平乐村辖区内，细菌弹壳制造厂位于七三一本部西北15公里的南岗区龙橡街龙江轮胎厂内。

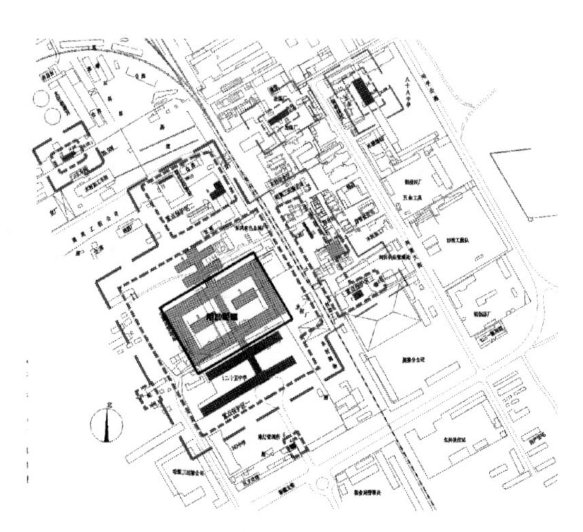

图5-1 “七三一遗址”区位图

(2)“七三一部队”历史沿革

日本军国主义者制造“九一八”事变和侵占东北后不久，就在哈尔滨市秘密建立了细菌战研究中心——满洲第七三一部队。始建于1932年，地址在哈尔滨市内的宣化街，对外称“关东军防疫给水部”，其附属细菌实验场设在拉滨铁路线上的背荫河站以东1公里处，石井四郎军医（少佐）任部队长。1933年该细菌试验场由于受到东北抗日军民的不断袭扰，唯恐泄露秘密，被迫转移到平房站，并于1935年开始筹建新的细菌试验基地。1938年6月30日，当石井部队密建初具规模的时候，关东军司令部发布了第1539号命令，将石井部队周围方圆 120 公里的地域划为特别军事区域，把距部队 5 公里以内的地方变成了“无人区”。

七三一部队达 3000 人，分设第一部（细菌研究）、第二部（实战研究）、第三部（防疫给水研究）、第四部（细菌生产）、总务部、训练教育部、器材供应部和诊疗部，并在林口、海林、孙吴、海拉尔设四个支队，在大连设有卫生研究所。

1939 年，经过大量的生体试验之后，七三一部队很快完成了部分研究课题，并第一次将生产出来的伤寒、霍乱等细菌投散在位于“满蒙”边界上的诺门罕战场上。此后，又相继在我国南方的宁波、金华、义乌、常德等地进行频繁的小规模的细菌战。其最大规模的一次细菌战是在山东的鲁西地区，这次细菌战主要使用霍乱菌，伤害人数达 20 万人。

日本军国主义为准备细菌战，在其侵占的广大地区建立细菌战体系。在石井部队移驻平房的同时，在新京（长春）设立满洲第 100 部队。卢沟桥事变后，在北平（北京）设立北支甲第 1855 部队，在南京设立“荣”字第 1644 部队，在广州设立“波”字第 8604 部队（见图 5-2），还在新加坡设立了“冈”字第 9420 部队的“南方防疫给水部”，而石井部队本部——满洲第七三一部队则是日本细菌武器研究中心和细菌战指挥大本营。至此，七三一部队形成了威慑整个东南亚战场的作战体系。1941 年，正式改称为“满洲第七三一部队”。七三一部队的细菌生产规模巨大，已形成对整个人类的毁灭性打击力量。

图 5-2 日军广州“波”字第 8604 部队

1945 年，日本投降前夕，陆军参谋本部为了保护七三一部队的秘密，提前发出了撤退的命令，于 8 月 10 日开始销毁罪证，到 14 日凌晨，最后一批留守队员逃回国内，部队解散。

(3)“七三一遗址”保护管理概况

“七三一遗址”是侵华日军自1935年始在哈尔滨市南郊建立的细菌战基地遗址，1983年公布为黑龙江省省级文物保护单位。遗址本部区域（见图5-3）内原有建筑与构筑物80余处，总占地6.1平方公里，1945年日军投降前，为了毁灭罪证，炸毁了大部分设施。新中国成立后，大规模的城市建设使部分残留的遗址被分割、占用、毁坏，保护开发前，存在以下主要问题。

图5-3　“七三一遗址”本部区域

① 一些重要遗址被企业占用。由于解放后对“七三一遗址”保护不及时，在接收敌伪财产时，一部分遗址被企业占用，如本部大楼（见图5-4）被哈尔滨飞机场制造公司所属第25中学占用，兵器班、吉村班冻伤实验室（见图5-5）、小动物饲养室（见图5-6）、黄鼠饲养室（见图5-7）、北岗焚尸炉等均在东北轻合金加工厂院内，田中班昆虫动物培植室在航空供销公司院内，20世纪90年代末直到2000年前后才开始分批搬迁，这些遗址的保护开发才得以有序开展。

图5-4　“七三一遗址”本部大楼

图 5-5　吉村班冻伤实验室

图 5-6　小动物饲养室

图 5-7　黄鼠饲养室

② 一些重要遗址被私建滥建所围困。给水塔、动力班锅炉房、笠原班基址等遗址周围由于长期的私建滥建，已被周围困于棚厦之中，严重影响了遗址的保护和环境风貌。

③ 还有一部分遗址属地下设施。包括地下细菌试验室、地下蓄水库、地

下瓦斯储藏室，地下通道等由于长期被地下水浸泡，正处于濒危境况。

正因如此，“七三一遗址”的保护开发迫在眉睫，1983 年黑龙江省人民政府根据中央领导同志的指示，将“七三一遗址”列为省级文物保护单位之后，国家文物局陆续拨维修费 30 万元，哈尔滨市政府拨 4 万元，对其中 19 处重要遗址单体进行了维修保护，但整个区域保护的问题并未妥善解决。

5.1.2 可行性分析

(1) 影响遗址开发的因素

在保护遗址的原则下，并不是所有遗址都适合开发并对外展示，因此任何遗址的保护开发都应基于事先对遗址的调查分析和可行性评价，经论证可行才能进入规划建设阶段，同时影响开发的因素也十分繁多，主要有以下几个方面。

① 遗址自身价值因素　遗址自身价值是评价遗址开发度的最重要的影响因素，是其开发可行性的先决条件，包括历史文化科学价值、美学价值、遗址特色、规模大小等子因素。

② 遗址区域环境因素　遗址区域的环境因素包括自然生态环境、社会环境和文化环境等，这些都对遗址保护开发具有重要的影响。

③ 开发建设条件因素　这项因素是针对遗址所在城市或地区的经济性基础进行的，包括区位条件、产业经济基础、交通条件、所依托城市的距离以及基础设施条件等内容。

(2) 遗址价值分析

① 历史文化科学价值　遗址代表着曾经一个真实存在的时代环境，一个充满历史信息、文化艺术成就的物质载体和见证实物，只有这一价值的存在才使遗址的保护开发具有意义，所以十分重要。

② 情感价值　遗址让世世代代的人们了解祖辈们生活中的成就或历史上曾经受过的磨难，从而联系着过去和现在的情感，这就是其情感价值的体现。遗址的情感激发有高低之分，历史文化科学价值高的遗址情感价值不一定就高，人们通常对那些熟知的历史事件所激发的情感较为接受。

③ 观赏价值　遗址不仅要使观众了解历史，还要具有审美享受。多数遗址其曾经的辉煌抵不住时光的侵蚀，千百年来被埋没了，但断垣残壁、斑痕累累却也能表现出震撼人心的“悲剧美”“残缺美”。当然，遗址本身的艺术形式和文化内涵是其欣赏价值的主流。

④ 遗址自身保护条件　遗址的开发要考虑其自身的保护条件，遗址的构质不同，其保护条件也不一样。对于以目前的技术手段还无法保护其周全的遗址，必须谨慎对待，不要强行开发，不适合开发的还是留待日后技术水平提高后再开发。

⑤ 遗址特色因素　遗址特色应包括遗址的规模度、种类等。规模的大小往往决定了开发的可能性；种类多能使人集中地欣赏不同历史时期的遗存，从而构成一个文化区域场所，这样的遗址展示会多一份可行度。

⑥ 遗址离散程度　指空间的距离。比较集中的遗址有利于保护开发并对外展示，同时管理工作易展开。对遗址离散程度较大的区域，其全面开发不可取，对于其中比较重要的、有代表意义的可作重点开发展示。

(3) 遗址环境分析

① 自然生态环境　主要包括大气质量、绿化覆盖率、气候、地下水位等因素，这些都是遗址保护开发的外部环境条件，将不同程度地影响遗址展示的质量效果。一方面，良好的自然生态环境有利于环境氛围的营造，延缓对遗址的环境破坏，是遗址保护开发的客观自然条件；另一方面，环境优雅、空气清新、气候怡人能激发观众的观赏兴致，同时为观众的情感抒发进行引导。

② 社会文化背景　遗址的保护开发不是处于一个孤立的、与世隔绝的环境，必须将其放到孕育它、产生它的历史文化环境当中去。一般说来，遗址区域都是某一历史时期某一重大事件的中心，有着丰富的人文资源和历史价值，对保护开发将提供巨大的背景支持，要利用这一背景来揭示遗址本身的深层次历史文化内涵。

③ 社会治安状况　治安环境主要有两方面的影响：一是为避免遗址被破坏、盗窃提供安全保障；二是对观众提供人身安全保障，使观众无安全之忧。良好的治安状况有利于遗址保护和观众的稳定。

④ 观众层次状况　指到遗址类纪念性建筑参观的游客状况。由于遗址价值的特殊性吸引着不同职业、年龄、文化层次的参观人员，从而构成某一遗址的客源的特征。一般而言，客源中以拥有中外朋友、不同层次、不同年龄的人士为佳。对于某些具有较强专业性历史文化背景的遗址，其客源有可能相对单一。

(4) 遗址开发建设条件分析

① 经济基础　指遗址所在地区或依托的城市的总体经济实力。经济实力

的强弱影响着遗址保护开发的程度、规模档次、设施质量等。经济发达地区，保障了建设资金的充足，从而有利于遗址保护及建设的质量和技术保证，即使建设完成之后，也有能力注入资金、人力、物力持续地对遗址进行保护，对建筑进行维护。另一方面，经济发达则人民生活相对富裕，对精神生活的期望值较高，更有利于遗址客源的形成。

② 交通条件　决定了遗址区域的可进入性，进而影响遗址资源的开发时间、规模、层次、旅游路线的组织及接待设施建设的规模与档次。不管一个遗址资源多丰富、历史价值多高，如果交通不便、难以到达，也将影响它的生存发展。

③ 基础设施　主要指服务设施和质量。一个地区或城市的服务设施是否齐全、配套，服务意识是否深入，是游客要考虑的因素之一。我们不仅要提高遗址自身的魅力，还要为观者提供上乘的服务条件和满足他们要求的基础设施。

④ 距城市中心距离　指距地区或城市中心的距离。距离城市近，有以下几点有利之处。一是能依托城市，在引进投资、物资供应、技术条件、施工建设质量等方面免去后顾之忧。二是利用城市设施，城市的基础建设、服务设施、交通条件都可以直接或间接利用，减少这方面的投入。三是距城市近，必然导致客源相对充足，保障部分建设资金的回收。

5.1.3 实例分析评价

根据以上分析，我们认为，一个遗址区域的综合评价应参照表5-1～表5-4。

综合评价的系数计算公式为：$F_{\Sigma}=0.45A+0.2B+0.35C$，至于具体得分多少才适合展示开发，还有待于有识之士进一步研究，在此只作一种抛砖引玉的探讨。

表5-1　综合评价系数权重参数参照表

分项	权重/%
遗址自身价值(*A*)	40～50
遗址区域环境(*B*)	20
开发建设条件(*C*)	30～40
合计	100

表 5-2 遗址自身价值评价表

参数	极重/%	记分等级				
		10～8	8～6	6～4	4～2	2～0
历史文化科学价值	50	世界文化遗产	国家重点文物保护单位	省级重点文物保护单位	市县级	很一般
观赏度	10	极高	很高	一般	不高	较差
情感价值	10	极深	很深	一般	不深	较差
遗址自身保护条件	10	宏大	很大	一般	较少	很少
遗址特色	10	非常全	很全	较全	较少	较差
遗址离散程度	10	极度集中	很集中	较集中	一般	较散

表 5-3 遗址区域环境评分表

参数	权重/%	记分等级				
		10～8	8～6	6～4	4～2	2～0
自然生态环境	30	极佳	很好	较好	较差	很差
社区文化背景	40	极深厚	很深厚	丰富	一般	较差
治安状况	10	很好	较好	可以	较差	很差
观众层次	20	无限定	少限定	有限定	很专业	较差

表 5-4 开发建设条件评价表

参数	极重/%	记分等级				
		10～8	8～6	6～4	4～2	2～0
经济基础	30	雄厚	较强	一般	较差	很差
交通条件	30	枢纽、齐全、快速方便	直快干道经过、方便	支线经过、需中转换乘	靠近支线、不方便	交通无法进入
区位条件	20	市区城区	市郊城郊	附近区县	较远	很远
基本设施条件	20	优良、齐全、充足	配套，良好	中等	不配套较差	很差

下面以“七三一遗址”为例，进行简单的可行性评价模拟，主要目的是进行演示，并供参考。笔者曾多次实地考查，对其情况十分熟悉，现将笔者本人评分列入表 5-5。

表 5-5 “七三一遗址”模拟评价分数统计表

分项	参数	权重	分值	
			“七三一遗址”分值	可行性界定分值
遗址自身价值评价(A)	历史文化科学价值	50	8	6
	情感价值	10	10	6
	观赏度	10	9	6
	遗址特色	10	10	6
	遗址自身保护条件	10	9	6
	遗址离散程度	10	10	6
	$F_{\text{实际值}}=(0.5\times8+0.1\times10+0.1\times9+0.1\times10+0.1\times9+0.1\times10)\times100=880$ $F_{\text{界定值}}=(0.5\times6+0.1\times6+0.1\times6+0.1\times6+0.1\times6+0.1\times6)\times100=600$			
遗址区域环境评价(B)	自然生态环境	30	6	6
	社会文化背景	40	8	6
	治安状况	10	8	6
	观众层次	20	10	6
	$F_{\text{实际值}}=(0.3\times6+0.4\times8+0.1\times8+0.2\times10)\times100=780$ $F_{\text{界定值}}=(0.3\times6+0.4\times6+0.1\times6+0.2\times6)\times100=600$			
开发建设条件评价(C)	经济基础	30	8	6
	可进入交通条件	30	7	6
	距城市中心距离	20	8	6
	基础设施条件	20	7	6
	$F_{\text{实际值}}=(0.3\times8+0.3\times7+0.2\times8+0.2\times7)\times100=750$ $F_{\text{界定值}}=(0.3\times6+0.3\times6+0.2\times6+0.2\times6)\times100=600$			
得分情况及结论	$F_{\Sigma}=880\times45\%+780\times20\%+750\times35\%=814.5$ $F_{\Sigma}=600\times45\%+600\times20\%+600\times35\%=600$		实际值>界定值，具备开发条件	

通过对“七三一遗址”评价分数统计可知，814.5>600，开发条件已定，具备开发建设的条件。对遗址的保护开发是一项严肃的科学问题，来不得半点虚假牵强，这种开发是通过提示历史遗留下来的真实遗存实现的，但这真实的遗存一旦遭到破坏就不可再生，也就失去了其价值。因此必须重视分析遗址开发条件构成因素，对其进行可行性分析时应多听取各方面专家的意见，以长远利益来考虑。

5.2 “七三一遗址”保护开发的方案探索

5.2.1 创作定位

“七三一遗址”的保护开发，始于2000年前后，地方政府也已经意识到遗址本身所具有的重要历史意义，因此想要将这重要的历史见证展示于世人面前。“七三一遗址”见证了历史上惨绝人寰的一幕，它是侵华日军自1935年始在哈尔滨市南郊建立起的细菌战基地遗址。七三一部队本部区域内原有建筑物与构筑物80余处，总占地6.1平方公里。1945年日军投降前，为毁灭罪证，炸毁了大部分设施。“七三一遗址”恰恰位于整个遗址区域内中心位置，因此该方案的创作马虎不得，要兼顾到以下几方面因素。

(1) 历史背景的影响和政治意图的体现

位于黑龙江省哈尔滨市平房区的日军“七三一遗址”见证了一段特定年代下中华民族屈辱的历史。在那个黑白颠倒、是非颠倒的年代里，数千名中国抗日爱国军民及苏联、蒙古、朝鲜等国家的反法西斯志士成为日军七三一细菌部队的实验品，被无辜杀害。即便在全世界倡导和平的21世纪，日本仍有一些顽固势力鼓吹军国主义，肆意歪曲历史真相，蒙蔽日本青少年。因此，把历史真实地呈现在世界人民面前，具有物质与精神的双重意义，对于开展爱国主义、革命传统和国情教育，揭露法西斯战争罪行，维护世界和平，对于带动该地区旅游事业、经济发展都具有不可估量的现实意义。

创作过程中，有一个困扰始终的问题就是，该遗址的保护带有强烈的政治色彩，如果创作失控，将给国家带来不可估量的损失。因此如何真实地揭露日本七三一细菌部队罪行，还历史本来面目，便成为我们创作的初衷。正如国家文物局局长张文彬同志视察后指出的那样，对“‘七三一遗址’的定位，应该统一思想，就是‘罪证陈列馆’”，以此来展示和揭露日本侵略者反人权、反人性的本质。

(2) 时代发展的要求和现有环境的制约

时代在发展，历史的创伤虽然留给中国人民永不磨灭的烙印，但毕竟历史已过去了几十年。因此，创作要结合时代要求做适度更新；应该对遗址如何在新世纪发挥其重要作用进行缜密分析，结合保护做适度更新。笔者那时正在哈尔滨工业大学求学，跟随老师对“七三一遗址”的保护开发做出了探索性的尝试。

遗址保护中的重要建筑“七三一遗址”地下罪证陈列馆（见图 5-8）选址在本部区域内四方楼细菌实验室及特设监狱基址（简称“四方楼基址”）上（见图 5-9～图 5-11）。该建筑是由地上的四方楼细菌实验室、两栋监狱及两个地下细菌实验室组成，占地约 15 000 平方米，是“七三一遗址”群的核心之一。四方楼为砖混结构的三层方框形建筑，是七三一部队的细菌研究、生产、实验中心。由于南北中心走廊的间隔，四方楼内又分为东西两院，两院各设一座二层砖混结构的“特设监狱”，被捕的人员经“特别输送”监押于此，成为细菌“实验材料”。四方楼地下还设有两个细菌实验室，通过秘密通道与地上相通。七三一部队在败退前，将地面部分全部炸毁，现还保存有地下设施。

图 5-8　“七三一遗址”地下罪证陈列馆

图 5-9　炸毁前的四方楼细菌实验室及特设监狱基址

接到创作任务之时是 2000 年 10 月初，踏着秋天的落叶，我们去了现场，那里的状况让人十分惊讶。由于平房区急于让“七三一遗址”规划初见成效，已经把四方楼基址挖开了一个“T”字形大坑，尺度有 150 米×20 米左右，当

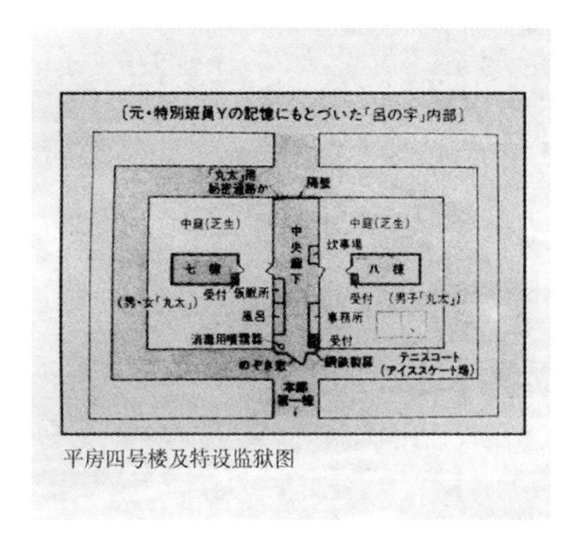

图 5-10　四方楼细菌实验室及特设监狱平面图

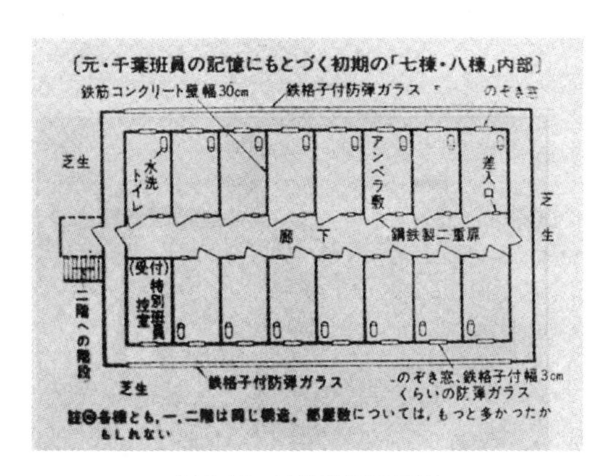

图 5-11　特设监狱平面图

年四方楼被炸毁后的部分残存地基就这样暴露于天日之下。

也许甲方的初衷是好的，但在对原四方楼情况掌握并不十分准确，而且保护方案并未确定的情况下，就把具有文物价值的基址挖开，确非明智之举。正因如此，甲方急于要把挖开的大坑覆上现代化的“罩子”，但究竟如何覆盖，他们没有明确想法。当时只对我们提出一点希望，即要十分通透的玻璃墙，让人能站在建筑外就看到下面的坑道，站在坑道也能看见外面。纵观基地整个情况，制约限制条件主要有如下几条：①对四方楼基址地下的情况并不十分明了；②“七三一遗址”整体规划尚未到位；③如在挖开的大坑上建体量巨大的覆盖物，会不会对遗址整个环境造成影响。

甲方的设计意图是建造一个具有阳光大厅、十分现代化的建筑物。一方面，我们要在设计中体现甲方意图中合理的部分；另一方面，又要剔除甲方意图中不合理的部分，使陈列馆设计方案无愧于历史，也无愧于子孙后代。

5.2.2 创作理念

(1) 整体构思的确立

“七三一遗址”陈列馆不仅应具有一般纪念性建筑的展示功能，而且更重要的是应运用恰当的建筑语言和环境设计语言，确切地阐述一个历史上的悲惨事件，展示一个人类历史上令人发指、心悸的一幕，使之成为一个记载悲痛与缅怀历史的纪念场所。因此，设计中以悲惨、悲痛、悲怆为出发点，情景交融，强调生与死的对比，并着重于气氛的营造；同时运用建筑设计语言和环境艺术手法表达出场地、时空、精神等多维的主题。

(2) 创作手法的确立

① 塑造个性化的形象　遗址类建筑的感染力必须和特定的纪念主题、内容相联系，并求得形式和内容的统一。从某种角度上讲，个性化是方案构思能否获得成功的关键。建筑形象的个性愈鲜明，它的艺术感染力便愈强烈。在创作中，我们采用了象征性手法来求得个性化，屋架采用空间网架，作出刺刀相交的形态，用以表现战争侵略的主题；平面构图上以中轴线对称为主，在轴线右侧通过圆形的引入打破完全的均衡感；同时平面构图上三角形与圆形的组合，引喻一种战争与和平的冲突。一般的纪念性建筑因功能、结构所限，多呈方方正正的几何形体，但少数建筑则或因功能性质特点；或出于环境制约条件；或出于建筑师独特的构思，突破上述各种限制。本方案即是如此，借独特体型赋予建筑以象征意义。同时，为强化个性特色，借助雕塑语言的表现力增加各种室内外浮雕、群雕的运用，强化了个性。

② 完善内部功能　本着“有效保护、合理利用、加强管理”的原则，对陈列馆内部使用功能作出精心设计。

首先，各种功能必须有机组合，并服务于陈列馆的主体功能。“七三一遗址”陈列馆以陈列展示功能为主，因此在地下层中通过展厅、模拟展厅、遗址展厅、见证厅、怀想厅等一系列空间组织，完善与深化了展示功能。各种展厅的功能又不尽相同，如展厅主要以历史上实物、资料、图片等为主，客观地揭露日军罪行；模拟展厅则采用一些声、光、电等现代布展手段进行一些模拟展示；遗址展厅则是四方楼基址残留地基的原样展示；怀想厅与见证厅则是通过现代设计手法，给人在参观之余以凝思、怀想、沉默、交流的空间。其中一层主要满足人流集散、调整心态的功能，当人们初次进入“七三一遗址”，心理上会有一个调适过程，经过心理调整后再通过狭窄古旧的楼梯向下时，犹如走进一段悲惨历史。

建筑设历史入口与现实入口两处主入口，历史入口为中轴线上本部大楼参观后的延续，现实入口则是人流直接经由规划路、广场进入。进入现实入口后的圆形大厅，是用现代手法综合展现七三一部队所犯的历史罪行。大厅中央群雕反映了中国人民的抗争，厅四周倾斜的墙上用大型浮雕群生动地再现了历史上的一幕幕，在大厅中，历史与现实、屈辱与抗争、战争与和平等主题被淋漓尽致地展示出来……

③ 整合外部环境　对外部环境的整合，应为重中之重。“一幢单独建筑，它的外形并不重要，重要的是对社会生活、对人们生活的重要影响（贝聿铭语）。”因此在本方案创作过程中，重视了建筑外部环境与城市空间的契合，注意了文物保护与地域环境、人文环境的有机组合。

在设计过程中，传来了好消息。经过协调，甲方把整体规划任务也交给了我们，这样陈列馆的设计就与整体规划有机结合起来，通过贯穿主轴线的入口大门、忠魂广场、七三一本部大楼、陈列馆、殉难者碑、供词碑等一系列建筑群体的组织，使整个区域建筑群错落有致、过渡自然、重点突出。另外，在体量的组织中，为突出七三一本部大楼的主体地位，规划区内，所有新建建筑高度均不超出本部大楼，因此陈列馆设计地上部分仅为一层，匍匐于地面上的建筑表达出一种压抑的形象特色。主入口处黑、红两色石材的运用突出体现了纪念性建筑所应有的庄严肃穆。同时黑色也引喻了那个黑暗的年代，红色则引喻了战争与鲜血。另外，通透的玻璃及金属构架的运用也与石材形成强烈反差，并融合共生。为配合主体建筑，七三一遗址纪念馆周边环境设计中，运用铺装变化、雕塑、枯木、绿化的组织，使广场空间成为传递情感与信息的场所。

④ 升华场所精神　历史地段建筑设计中，不只是要改造不适合时代要求的部分，也不只是物质条件的改善，还要深化和升华环境的情感价值，要能引起人们对历史的回忆和加深对环境的记忆。日本建筑师安藤忠雄（Tadao Ando）曾经提出，在历史文脉（Context）中，创造性的设计可使事物再现其岁月流逝所失去的东西，这就是人们集体记忆的“场所精神”。场所精神的根本

源泉在于对环境中历史信息的有效保护，在“七三一遗址”陈列馆的设计中，通过保护具有强烈历史信息、深厚情感价值的四方楼基址，加以原貌展示，是对场所精神的深化。同时，更新部分运用各种艺术手法使之与基址有机结合、有序存在，是对场所精神的升华。

从 2000 年 6 月开始，“七三一遗址”的保护也从策划、方案论证进入到了一期的环境整治阶段，同时针对四方楼基址究竟采用何种方式来保护并未最后敲定，还在处于论证阶段。我们设计的“七三一遗址”陈列馆无疑是其中的一种保护方式，可能并不是最佳方式，但却是一种探索与追求，我们仍将继续求索……

5.2.3 创作方案

(1) 整体构思

以悲惨、悲痛、悲怆为出发点，情景交融，强调生与死的对比，并着重于气氛的营造。运用建筑设计语言和环境艺术手法表达出场地、时空、精神等多维的主题。

① 整体布局——顺势求形　在整体布局上，“顺其势，求其形”，利用“七三一遗址”现存的地形地势特点，通过贯穿主轴线的入口大门、忠魂广场、七三一本部大楼、地下罪证遗址陈列馆、殉难者碑、供词碑等一系列建筑群体的组织，使整个建筑群错落有致、过渡自然、重点突出，给人一种非常大气的感觉。

在规划区域范围内，现存地上遗址共 9 处，包括：七三一本部大楼、二木班结核试验室、南门卫兵站、毒瓦斯发生室、毒瓦斯地下储藏室、动力班锅炉房（见图 5-12）、吉村班冻伤实验室、小动物地下饲养室、黄鼠饲养室，对于这些存留程度不同的建筑物，只需原封不动地加以展示，就是对日军所犯滔天罪行的最好控诉。其中的七三一本部大楼因其重要性，在原貌保留的同时，内部配以详尽的图片、实物、文字说明等，结合现代布展手段，展示当年七三一部队罪行。在规划区域的范围内，现存地下基址共 7 处，包括四方楼细菌实验室及特设监狱基址、解剖室基址、立原班病毒实验室基址、第一仓库基址、工务班基址、野口班基址、地下蓄水池，这些遗址已被破坏，只留下残存的地基及残石断壁。对于这些基址的保护，选取其中最具代表性的四方楼细菌实验室及特设监狱基址局部挖开，作现状展示，这不但是日军七三一部队细菌战的罪证，而且是日军销毁罪证的罪证；对其余地下遗址，立牌标志出其位置以展示，标志说明选用带 45°坡面的黑色石材，展示面尺寸为 1.5 米×1 米，上面用中、英、日三种文字做说明。这些因对象残留程度不同而采取的相应保护及展示措施，真实、客观地反映出七三一部队当年的真实状态，是揭露其罪行的最有利证据。结合各处遗址运用建筑语言及环境语言、规划手法使各处遗址有机结合、有序存在。

图5-12 “七三一遗址”动力班锅炉房保护现状

② 实体构筑——循形寓意　在实体构筑上，“循其形，寓其意”。比如，四方楼细菌实验室及特设监狱基地的保护，由于它既是日军七三一部队细菌战的罪证，又是日军毁灭罪证的罪证，所以应把该基址残存的地基原封不动地展示出来，不加任何人为修饰与雕琢；但由于考虑到如果不加覆盖，任其长年暴露在自然环境下，会对基地持久保持生命力不利，因此需要我们为其覆盖，以使其免受风吹雨淋，更好地发挥其展示功能。在基地上覆盖，由于其跨度大、范围广，必须结合现代技术手段及材料来完成。在形式上为突出个性，可运用艺术设计手段引喻一种冲突与不稳定。同时，进入坑址的主入口处，选用黑、红两色的石材，形成红与黑的对比。灰黑色的花岗岩是一种“家破人亡”“国破危难”的形象特色，同时也寓意为黑暗的年代；红色的墙也引喻着鲜血与战争，使人们有一种思考与回忆的情感。在实体构筑上，因其功能而赋予其个性化的象征意义，却并未破坏基址原貌，是遗址保护中又一有力探索。

③ 色彩材质——因意饰物　在色彩、材质的运用上，“因其意，饰其物”。比如覆盖在四方楼细菌实验室及特设监狱基址之上的建筑，以灰白色为主调，灰白色花岗石墙面、白色大理石窗框，一方面寓意为中国人民的纯洁与无辜；另一方面营造了整个遗址所应有的肃穆的氛围。入口大门方案一选取黑白两色的石材，配以纯净的玻璃颜色，都营造出应有的氛围——肃穆的、同时也是压

抑的，方案二采用较为粗糙的石材来表现一种残破、悲壮的美。围墙一期可采用装配式灰色木板墙，边框和结构用角钢，每块高 2 米，宽 1.25 米，块与块之间严密相连。路面可采用青石板路、石板嵌草路面、碎石子路面三种，并结合绿化。绿化的引入，既是营造环境氛围的需要，又是生态化设计的需要，同时也是可持续发展的需要。

建筑的历史是历史建筑的不断延伸与演变。把历史传统的风格与现代化的建筑手法协调地融合在一起是每个建筑师必须注重的课题。“七三一遗址”的保护与规划中不但要下大气力作好保护，而且要注意到新的历史条件下实现建筑文化传统的更新，也就是要在一定程度上体现出新时代的特色，所以在规划中加入大门、殉难者碑、供词碑等新建实体，这也是时代与历史的有机结合。

(2) 分期建设说明

由于工程量大、资金紧张等客观因素，加之基地内大量住宅、办公楼、学校无法一次搬迁，“七三一遗址”开发保护工作应分期阶段性实施。

一期工程：完成包括“七三一遗址”入口处规划及大门、本部大楼前广场环境整治、四方楼细菌实验室及特设监狱地下遗址周边环境整治、各处保护基址周边环境整治及标志牌设立、基地内绿化广场铺设（2001 年 6 月 15 日之前完成）。

二期工程：完成殉难者碑、供词碑建设（2001 年 12 月底之前完成）。

三期工程：动迁基地入口处住宅楼、162 中学（操场位置做广场处理）；动迁连接保护一区与保护二区之间的三栋住宅楼，其位置做广场处理；建成四方楼细菌实验室及特设监狱地下遗址陈列馆（3～5 年内完成）。

总之，在“七三一遗址”的规划设计中，注意了主题思想的深化，注意了与文物保护及地域环境、人文环境的有机结合，突出了揭露侵华日军七三一部队所犯罪行这一特定主题。

5.3 “七三一遗址”创作反思

“七三一遗址”保护开发工程从 2000 年 6 月全面启动，至 2001 年 6 月 21 日一期工程结束、举行揭幕仪式，历时仅一年。这一年时间里，省市各级领导、平房区各级领导、设计人员、施工人员都经过了紧张而又忙碌的一年。在遗址现状差、时间短、任务重的多重压力下，终于使“七三一遗址”这一具有重大历史价值的教育基地重新对外开放，这是具有深远历史意义的。

回首 2000 年下半年接触工程至今，其中的艰辛历历在目。项目完成的喜悦与遗憾并存。收获的是通过各方面的努力，我们终于迎来了“七三一遗址”的正式对外开放，遗憾的是保护开发工程存在着许多不尽如人意之处，现总结出来，以期对今后的工作有更清醒的认识。笔者认为“七三一遗址”保护开发中，主要存在以下几方面问题。

① 工程启动太匆忙，事前准备不够充分，导致“四方楼”基址，先于设计被挖掘出来，不利于保护方案的确立。

② 工期太短，导致设计时间过紧，方案的推敲不够。

③ 设计过程中各方的意图干涉过多，导致设计的独立性等受到影响。

正如建筑界前辈童寯先生所说的那样“纪念性建筑……顾名思义，其使命是联系历史上某人某事，把消息传到群众，俾使铭刻于心，永矢勿忘……以尽人皆知的语言，打通民族国界局限，用冥顽不灵金石，取得动人的情感效果”。或许我们方案中存在诸多不足之处，但我们的探索与努力不会停止……

遗址一期环境整治后对外开放，尽管后续的一系列工作搁置，但仍然吸引了大批国际友人的目光，国内也有许多机关、团体、企事业单位、大中专院校、中小学的大量观众参观并接受教育，这也许就是我们努力的初衷吧！

令人欣慰的是，时隔多年之后，“七三一遗址”的保护又被提上了日程，这回请到了国内外建筑界非常令人尊敬的前辈何镜堂院士操刀，终于使得“七三一遗址”再次展示于世人面前！

5.4 本章小结

“七三一遗址”的保护开发工程是在国际、国内都受到瞩目的工程，该项目也是典型的遗址类纪念性建筑，在工程实践过程中，以遗址类纪念性建筑的整体设计理论为指导，进行了有力地探索，并在社会上引起了广泛的反响和承认，在某种程度上也是对我们理论研究的一种认可。

本书小结

通过深入分析和系统研究，本书初步得到以下主要结论。

(1) 遗址类纪念性建筑创作在当代具有重要的意义与价值

遗址类纪念性建筑代表了全人类文化的最高需求，蕴含着丰富的历史文化内涵和情感内涵，是历史文化的物质载体和见证，并且反映着某种特定的思想观念、情感模式以及行为规则等，在当代仍然具有重要的意义与价值。

① 本身具有特殊的社会精神价值，通常与一种歌颂赞美人类自身的力量相联系，具有积极向上的意义，因此，不会在多元化的时代中消亡。

② 本身与人类追求完美、永恒的观念相联系，这种具有特殊感染力的观念会激发艺术创作的灵感，形成具有心灵共鸣的强烈震撼力。

③ 本身在城市中具有重要的特殊意义，不仅提供了人们心目中的动力和精神支柱，而且为人们提供了地域认同的特征和方位的标志。

(2) 遗址类纪念性建筑创作在当代的发展趋势

建筑是属于时代的，它是历史的纪念碑。一个时代的建筑反映了一个时代的经济、技术、哲学思想。在现代建筑发展史上，遗址类纪念性建筑也伴随着设计思想和创作观念的变迁而不断发展，其今后的发展趋势主要体现在以下两个方面：

① 遗址类纪念性建筑与其他各种建筑类型间的渗透，带有综合性与多义性。

② 遗址类纪念性建筑不再只局限于外显形象的追求和传统图像语汇的运用，更多重视深层思想内容的表达。

(3) 遗址类纪念性建筑创作整体设计策略

文章以经典的遗址保护理论和历史地段保护与更新理论为基础，通过深入剖析，得出了具有针对性及指导意义的创作观念和整体设计策略。

遗址类纪念性建筑创作观念：

① 凝聚主题思想；

② 深化文化内涵；

③ 传承地域精神；

④ 弘扬时代特征。

遗址类纪念性建筑整体设计策略：

① 设计原则：针对当代遗址类纪念性建筑发展趋势，提出了整体性、连续性、召唤性三种设计原则。

② 设计手法：鉴于当代遗址类纪念性建筑创作观念，剖析了模式与符号、

象征与隐喻、约定与模糊、拓扑与重构四种设计手法。

③ 设计方式：针对遗址区域内遗址存留程度及规模的不同，提出了嵌入式设计、改造式设计、开发式设计三种设计方式。

根据以上创作观念及整体设计策略的提炼，从设计主体内容与拓展内容两大方面进行了全面而细致的阐述，涵盖了形象设计、空间设计、环境设计、内在秩序设计、建筑细部设计、材料质感设计、光色环境设计内容。以上设计思想的提出，弥补了遗址类纪念性建筑创作中理论研究长期滞后于建筑设计的现状，是遗址类纪念性建筑理论研究的有力探索。

(4) 遗址类纪念性建筑可行性分析评价

在创作实践中，经过系统深入的分析，得出了遗址类纪念性建筑可行性分析评价，并使之量化，形成简单易行的统计评价分数方法，是一种有力尝试与探索，主要包括以下几方面：①遗址自身价值评价；②遗址区域环境评价；③开发建设条件评价。

参考文献

[1] 王建国. 城市设计. 南京：东南大学出版社，1999.

[2] 阳建强，吴明伟. 现代城市更新. 南京：东南大学出版社，1999.

[3] 吴良镛. 广义建筑学. 北京：清华大学出版社，1989.

[4] 刘先觉. 现代建筑理论. 北京：中国建筑工业出版社，1999.

[5] 彭一刚. 建筑空间组合论. 北京：中国建筑工业出版社，1983.

[6] 彭一刚. 创意与表现. 哈尔滨：黑龙江科学技术出版社，1994.

[7] 贝思出版有限公司汇编. 纪念馆及艺术画廊. 南昌：江西科学技术出版社，2001.

[8] 邹德侬. 中国现代建筑史. 天津：天津科学技术出版社，2001.

[9] 马国馨. 日本建筑论稿. 北京：中国建筑工业出版社，1998.

[10] 马国馨. 丹下健三. 北京：中国建筑工业出版社，1989.

[11] 侯幼彬. 中国建筑美学. 哈尔滨：黑龙江科学技术出版社，1997.

[12] 钱江. 美国首都华盛顿——迈向新世纪的都城. 上海：复旦大学出版社，1997.

[13] 王天锡. 贝聿铭. 北京：中国建筑工业出版社，1990.

[14] 陈伯冲. 建筑形式论——迈向图形思维. 北京：中国建筑工业出版社，1996.

[15] 朱文一. 空间・符号・城市——一种城市设计理论. 北京：中国建筑工业出版社，1985.

[16] 曾坚. 当代世界先锋建筑的设计理念. 天津：天津大学出版社，1998.

[17] 段进. 城市空间发展论. 南京：江苏科学技术出版社，2000.

[18] 韩冬青，冯金龙. 城市建筑一体化设计. 南京：东南大学出版社，1999.

[19] 齐康. 纪念的凝思. 北京：中国建筑工业出版社，1996.

[20] 谭垣，吕典雅，朱谋隆. 纪念性建筑. 上海：上海科学技术出版社，1987.

[21] 黄健敏. 贝聿铭的艺术世界. 北京：中国计划出版社，1996.

[22] [日] 三村翰弘，川西利昌，宇杉和夫. 建筑外环境设计. 刘永德译. 北京：中国建筑工业出版社，1996.

[23] [日] 芦原义信. 外部空间设计. 尹培桐译. 北京：中国建筑工业出版社，1985.

[24] [美] 凯文・林奇. 城市意象. 方萍，何晓军译. 北京：华夏出版社，2001.

[25] [挪威] 诺伯格・舒尔茨. 存在、空间和建筑. 尹培桐译. 北京：中国建筑工业出版社，1987.

[26] [美] 罗伯特・文丘里. 建筑的复杂性与矛盾性. 周卜颐译. 北京：中国建筑工业出版社，1991.

[27] [美] 凯文・林奇，加里・海克. 总体设计. 黄富厢等译. 北京：中国建筑工业出版社，1999.

[28] [俄] 普鲁金. 建筑与历史环境. 韩林飞译. 北京：社会科学文献出版社，1997.

[29] [美] 布伦特・C・布罗林. 建筑与文脉——新老建筑的配合. 翁致祥等译. 北京：中国建筑工业出版社，1988.

[30] [美] 谢尔顿・H・哈里斯. 死亡工厂——美国掩盖的日本细菌战犯罪. 王选，徐兵，杨玉林，刘惠明译. 上海：上海人民出版社，2000.

[31] 吉国华. "线之间"——里勃斯金德的柏林犹太人博物馆. 世界建筑，1999，(10)：46-51.

[32] 敦煌石窟文物保护研究陈列中心. 世界建筑，1997，(5)：60-61.

[33] 华盛顿大屠杀纪念博物馆. 世界建筑，1998，(2)：35-37.
[34] 薛恩伦. 富兰克林纪念馆——后现代建筑的里程碑. 世界建筑，2001，(11)：78-79.
[35] 齐康，王彦辉，金俊. 记沈阳 9 • 18 历史博物馆创作. 建筑学报，2000，(3)：16-19.
[36] 张彤，齐康. 形的转化——中国人民解放军海军诞生地纪念馆设计反思. 建筑学报，2001，(8)：4-6.
[37] 刑同和，周红. 再铸历史文化的丰碑——记上海鲁迅纪念馆建筑设计. 建筑学报，2001，(8)：24-27.
[38] 黄建才，刘卓文. 李大钊纪念馆. 建筑学报，1997，(12)：12-13.
[39] 林卫宁. 空间、形象与纪念性的表达——福建省革命历史纪念馆创作. 建筑学报，2001，(2)：14-16.
[40] 刑同和，段斌. 平凡与伟大　朴实与崇高——陈云故居暨青浦革命历史纪念馆设计坛. 建筑学报，2002，(1)：25-28.
[41] 何镜堂，汤朝晖，郭卫宏. 鸦片战争海战馆创作构思. 建筑学报，2000，(7)：插 5-插 7.
[42] 李东，许铁诚. 一个缅怀与激励的纪念场所——江津市聂帅纪念馆设计方案谈. 新建筑，1999，(4)：46-48.
[43] 沈瑾，许智梅. 潘家峪惨案纪念馆设计. 建筑学报，1999，(6)：26-28.
[44] 刘绍山. 纪念建筑设计的典范——评《日月同辉—南京雨花台烈士纪念馆、碑轴线群体的创作设计》. 新建筑，1999，(3)：56-58.
[45] 薛求理，刘天慈. 台儿庄大战纪念馆. 建筑学报，1997，(5)：49-51.
[46] 彭一刚. 从这一类到这一个——甲午海战馆方案构思. 建筑学报，1995，(11)：12-15.
[47] 莫伯治，何镜堂. 南越王墓博物馆第二期工程珍品馆建筑设计. 建筑学报，1995，(1)：21-24.
[48] 杨士萱. 华盛顿新建纳粹大屠杀受难纪念馆. 建筑学报，1995，(1)：54-57.
[49] 沈瑾. 低造价小建筑的意与匠——潘家峪惨案纪念馆设计. 世界建筑，2001，(7)：87-88.
[50] 禾先礼. 澳门圣保罗教堂遗址博物馆. 世界建筑，1999，(12)：54-55.
[51] 章明，张姿. 欧洲新旧建筑的共生体系. 时代建筑，2001，(4)：18-21.
[52] 徐洁，支文军. 法国弗雷斯诺国家当代艺术中心的新与旧. 时代建筑，2001，(4)：48-53.
[53] 武元雷. 新旧建筑的共存——析英国 2000 年建造的三个建筑. 时代建筑，2001，(4)：54-59.
[54] 胜利广场——二战胜利 50 周年纪念建筑群. 世界建筑，1999，(1)：46-48.
[55] 曲冰. 建筑与环境文脉的整合. 哈尔滨：哈尔滨建筑大学硕士学位论文. 2000.
[56] 韩冬. 博物馆文化特性的整体设计. 广州：华南理工大学硕士学位论文. 1997.
[57] 赵钿. 城市历史地段中的建筑设计与创作. 北京：清华大学硕士学位论文. 1997.
[58] 彭琼莉. 作为“城市场所”的博物馆. 北京：清华大学硕士学位论文. 1998.
[59] 梁华. 遗址博物馆研究——遗址保护性展示空间设计初探. 西安：西安建筑科技大学硕士学位论文. 1998.
[60] 武向兵. 略论纪念性建筑. 南京：东南大学硕士学位论文. 1989.
[61] 张宪. 纪念性建筑. 南京：东南大学硕士学位论文. 1993.
[62] 雷晓明. 当代纪念性建筑的多元化表现. 北京：清华大学硕士学位论文. 1997.
[63] 何咏梅. 纪念性建筑的“召唤结构”——从接受美学角度对纪念性建筑艺术的重新审视. 北京：清华大学硕士学位论文. 1998.